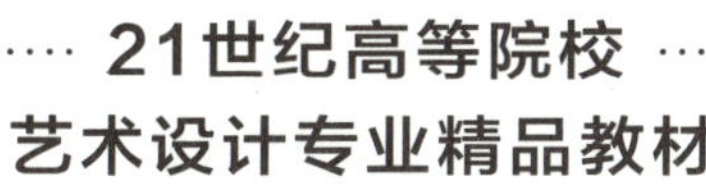

21世纪高等院校

艺术设计专业精品教材

鲁晓波 蒋啸镝
张夫也 孙建君 ◎顾问

建筑·园林·景观手绘表现技法

主　编　刘　帅　张　炜

副主编　李英杰　潘冬子　魏　莎
　　　　范钱江　王　帆

南京大学出版社

本书共三章，第一章为手绘概述，包括七节，主要介绍了手绘效果图的发展历史、大师的手绘草图世界、手绘效果图的绘图工具及特点、手绘效果图基础、比例尺度表达、透视和构图方法；第二章为建筑手绘表达，包括六节，主要介绍了建筑体块表达、平面功能表达、立面设计表达、透视图表达、建筑配景表达，并附带作品赏析；第三章为园林·景观手绘表达，包括七节，主要介绍了景观小品表达、平面功能表达、景观剖面表达、透视图表达、植物表达、园林景观快题表达，并附带作品赏析。

本书可作为高等院校建筑设计、风景园林设计和环境艺术设计专业的基础教材，也可作为业余爱好者的自学参考用书。

图书在版编目（CIP）数据

建筑·园林·景观手绘表现技法 / 刘帅，张炜主编.—南京：南京大学出版社，2021.1（2024.1重印）
ISBN 978-7-305-24219-9

Ⅰ.①建… Ⅱ.①刘… ②张… Ⅲ.①建筑设计—绘画技法 Ⅳ.①TU204.11

中国版本图书馆CIP数据核字（2021）第025494号

出版发行　南京大学出版社
社　　址　南京市汉口路22号　　　　邮　编　210093

书　　名　建筑·园林·景观手绘表现技法
　　　　　JIANZHU·YUANLIN·JINGGUAN SHOUHUI BIAOXIAN JIFA
主　　编　刘　帅　张　炜
责任编辑　荣卫红　　　　编辑热线　(010) 82896084

印　　刷　河北鑫彩博图印刷有限公司
开　　本　889 mm×1194 mm　1/16　　印张 8.5　　字数 264千
版　　次　2021年1月第1版　　2024年1月第2次印刷
ISBN 978-7-305-24219-9
定　　价　56.00元

网址：http://www.njupco.com
官方微博：http://weibo.com/njupco
官方微信号：njupress
销售咨询热线：(025) 83594756

21世纪高等院校艺术设计专业精品教材

建筑设计所涉及的建筑艺术和建筑技术以及作为实用艺术的建筑艺术所包括的美学的一面和实用的一面，虽有明确的不同但又密切联系，并且其分量随具体情况和建筑物的不同而大不相同。建筑设计是对于环境、用途、经济上的条件和要求加以运筹调整与具体化的过程。这种过程不但有其实用价值，而且有其精神价值，因为为任何一种社会活动所创造的空间布置将影响到人们在其中活动的方式。

景观，是一个美丽而难以说清的概念。地理学家把景观作为一个科学名词，定义为一种表景象，或综合自然地理区，或呈一种类型单位的通称，如城市景观、草原景观、森林景观等；艺术家把景观作为表现与再现的对象；风景园林师把景观作为建筑物的配景或背景；生态学家把景观定义为生态系统或生态系统的系统；旅游学家把景观当作资源；更常见的是景观被城市美化运动者和开发商等同于城市的街景立面，霓虹灯，房地产中的园林绿化和小品、喷泉叠水。而一个更文学和广泛的定义则是“能用一个画面来展示，能在某一视点上可以全览的景象”。景观设计，是风景与园林的规划设计，它的要素包括自然景观要素和人工景观要素。景观设计主要服务于城市景观设计（城市广场、商业街、办公环境等）、居住区景观设计、城市公园规划与设计、滨水绿地规划设计、旅游度假区与风景区规划设计等。

设计是一个思维过程，是一种创造性的活动，包含一定的专业技巧，对于空间感、透视感、画面感有着一定的要求。景观设计中，构思灵感和创意分析是设计过程中的核心要素，手绘表现的运用为设计师提供了方案创意和思维灵感的可能性。手绘表现在建筑设计、园林景观等方案绘制的过程中，给设计师一个推敲和深化的过程。

不论是建筑设计、室内设计，还是园林景观、环艺设计，效果图的种类随着计算机的发展而出现得越来越多，但手绘效果图是最迅速、最直观、最高效的一种效果图表达形式。设计师绘制出形象直观的设计简图和设计意图，不仅可以传达设计者的思路，还可以根据业主的意图而迅速做出方案调整，提高设计效率。

随着我国高等教育的不断发展，设计类学科的教学也在经历着深刻的变化。设计基础的教育在高等院校和综合性大学的设计类专业教学中占据着举足轻重的地位。手绘学习显得越来越重要，手绘与我们的现代生活密不可分，建筑、服装、插画、动漫等手绘的形式多种多样，各具专业性，对建筑师、研究学者、设计人员等设计绘图相关职业的人来说，手绘设计的学习是一个贯穿职业生涯的过程。作为一个设计师，如何把自己的创意和灵感记录和描绘出来，如何用画笔及时地与客户交流沟通，成为衡量设计师们专业度的重要标准。

相信本书的出版会对相关专业学生的学习有所帮助。

华北电力大学艺术设计专业教授

前言

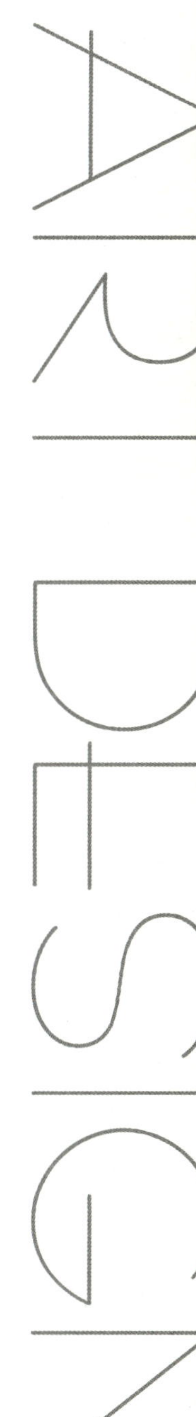

手绘效果图能够培养设计类专业学生优秀的手绘能力和形象思维能力，提升学生的专业设计素质，同时，可以实现设计师设计思想准确、完整和快速的表达。本书通过系统地讲述建筑、园林和景观设计效果图技法的基本原理，使学生对表现技法的种类、训练内容有全面深入的掌握，并对于设计表现图在实践中的运用达到熟练程度。

在手绘表现中，需要从更深的维度，如形状、形态、质感、节奏、构图和光影等方面去思考对象。一个有意义的创作过程比绘制结果更重要。所以，本书不是简单地进行范例展示，而是详细分解了手绘的步骤，结合局部放大图，为读者指出构图、运笔、上色等手绘的关键点，真正为读者提供了一份“手绘指南”。

本书最大的亮点在于从设计的角度出发绘制手绘效果图，同时讲解清晰，示范步骤直观，通俗易懂，深入浅出。

本书包含手绘效果图300余张，大部分为编者亲自绘制，其中包含学生作品30余张。编者主要从事建筑设计和园林景观教学、实践，这些作品都是多年教学经验、实践工程和平时练习所积累的手绘作品，每一张都倾注了大量心血。在此，感谢内蒙古建筑职业技术学院和内蒙古农业大学的学生提供了手绘效果图作品。

本书结构清晰，内容紧凑，图文并茂，内容从基础到提高循序渐进，符合学习规律，能够使初学者触类旁通，举一反三。

在本书的编写过程中，编者参考了很多手绘作品，在此向相关作者表示感谢。

由于编者水平有限，本书难免存在不足之处，敬请读者批评指正。

编 者

ENVIRONMENT

目录 CONTENTS

CHAPTER ONE

第一章 手绘概述

资源拓展

■ 本章导读

本章主要从国外和国内手绘效果图的发展历史及特点入手，介绍了国外建筑设计师密斯•凡•德•罗（Ludwig Mies Van der Rohe）的“少就是多”和“流动空间”的设计理念，也给大家呈现了大师在创作前期的手绘概念图；介绍了解构主义大师弗兰克•盖里（Frank Owen Gehry），给大家呈现了大师在创作前期的手绘概念图是如何一步步变成实践成果的。伦佐•皮亚诺（Renzo Piano）手绘了许多设计草图，将许多被人熟知的精湛设计变成现实；安藤忠雄也是通过大量的手绘概念草图将一个个经典设计呈现出来。国内著名的建筑大师彭一刚的手绘作品和实践作品被奉为经典之作。彭一刚的手稿堪称旷世大作，他的作品成为无数学子学习、临摹的卓越范本。

讲解了国内外手绘效果图发展历程之后，本章重点介绍了手绘效果图中的线条。线条是手绘效果图中物体表达最重要的基础元素，它能够直接地、概括地勾画出物体的形体特征和形体结构，具有丰富的表现力和形式美感。在实践过程中，学生可运用钢笔、彩铅、马克笔等绘图工具，大量临摹手绘效果图，同时注意训练绘图时的观察能力和判断能力。

■ 学习目标

了解国内外手绘效果图发展历史，对手绘效果图形成初步认识；

了解和临摹国内外建筑和景观大师的经典设计作品，了解大师们在创作经典设计作品时诞生的灵感和创作手法，了解大师们在创作时对于手绘概念图表达的重要性；

熟悉彩铅的特点、种类，掌握彩铅使用的方法和技巧、注意事项和上色步骤；

熟悉线条的练习方法和不同性格的线条表达方法，找到适合自己的线条表达方式；

掌握钢笔的使用方法、表现方法、注意事项和起稿步骤；

掌握马克笔笔触的运用、摆笔方法、扫笔方法、上色步骤和斜推画法；

掌握一点透视和两点透视的基本规律与经验作图法，通过空间思维训练，快速表现不同空间，掌握视平线、透视点的选择。

第一节 手绘效果图的发展历史

国外手绘效果图由西方建筑设计中的建筑画演变而来，早在古希腊、古罗马时期就出现了以建筑设计为生的设计师，他们已经在设计中开始运用透视原理，设计也开始借助绘画的形式加以表达，他们所借助的绘画形式可作为早期的手绘表现图。到了 15 世纪后期，建筑设计已经开始使用透视学原理来表现空间层次。一些意大利建筑师开始在设计图绘制中使用透视原理，其中最著名的就是意大利文艺复兴时期的米开朗基罗，他既是伟大的建筑师也是工程师，同时，还是画家和雕塑家，其作品有著名的美狄奇别墅（图 1-1-1）和圣彼得大教堂（图 1-1-2）。

图 1-1-1　美狄奇别墅

1670 年成立的意大利圣・路卡学会对建筑画技法、风格的形成和发展起到了极大的推动作用，促使建筑画开始走向规范化。自 16 世纪起，建筑设计的中心逐渐由意大利转移到法国，在意大利建筑设计和建筑画法的基础上，发展形成了 19 世纪法国学院派绘画风格，在 19 世纪后期的新艺术运动中，出现了现代主义建筑大师，在他们的设计手稿里已绘制了大量的建筑和室内表现图，建筑画技法表现更加丰富，钢笔、铅笔、水彩等工具被运用到建筑透视图的表现中，逐渐形成了精细写实的表现形式，建筑画也被推向一片新天地。

图 1-1-2　圣彼得大教堂

西方手绘效果表现讲究透视法则，在构图上注意选择视觉焦点。常用的线条以直线、斜线、交叉线和自由线条为主。另外，排律线也常常在手绘草图中运用，排律线是表达空间或物体明暗关系的最好方式。

20 世纪 80 年代中期前后，我国建筑设计类行业正处在发展的初级阶段，效果图表现手段以水彩、水粉的手绘技法为主，较为写实（图 1-1-3）。现在的手绘表现图的适用空间更大，表现方法更为灵活。

设计师的手绘图画，可以令人更为主观地体会到其对于未来的完整规划。手绘艺术成为连接设计师与观众最直接的一座桥梁，是设计的灵魂，更是创意的源泉。

图 1-1-3　北洋大学堂水粉效果图

第二节　大师的手绘草图世界

手绘是一种直观而生动的表达方式，也是方案从构思迈向现实的第一步。任何一个想法都需要被“翻译”成可视化的图形。同时，手绘也是设计师表达情感、表达设计理念、表述方案最直接的“视觉语言”。可通过对构图、透视技巧、空间表达、色彩关系等的表现来表达设计意图。

手绘草图的优势之一就是在这个过程中，设计师可以快速地表达自己的想法，并以这种方式邀请他人与自己一起进行方案讨论。无论设计师是在白板还是在一张普普通通的纸上进行创作，最重要的是观者可以通过它来理解关于概念设计的基本理念，另外，设计师也可以从观者那里得到一些反馈，从而使得设计环节更加完善。许多著名设计师常用手绘作为表现手段，快速记录瞬间的灵感和创意。

一、国外大师的草图世界

1. 密斯·凡·德·罗

德国建筑师密斯·凡·德·罗（图 1-2-1）是著名的现代主义建筑大师之一，与赖特、勒·柯布西耶、格罗皮乌斯并称为四大现代建筑大师。他坚持“少就是多”的建筑设计哲学，在处理手法上主张流动空间的理念。他在 1929 年设计的西班牙巴塞罗那国际博览会中的德国馆就充分体现了“少就是多”和“流动空间”的设计理念，如图 1-2-2 所示。他用手绘概念草图将脑海里的设计灵感成功记录，成为一个又一个经典作品诞生所必不可少的一部分（图 1-2-3）。

图 1-2-1　密斯·凡·德·罗

图 1-2-2　西班牙巴塞罗那国际博览会德国馆

图 1-2-3　密斯·凡·德·罗　西班牙巴塞罗那国际博览会德国馆设计手稿

2. 弗兰克·盖里

弗兰克·盖里（图1-2-4）是当代著名的解构主义建筑师，以设计具有奇特不规则曲线造型雕塑般外观的建筑而著称（图1-2-5）。弗兰克·盖里的设计风格属于晚期现代主义，其中最著名的建筑，是位于西班牙有着钛金属屋顶的毕尔巴鄂古根海姆美术馆。设计灵感爆发时，他通过快速手绘草图（图1-2-6）表达心中所想的建筑设计作品，成就了今天的毕尔巴鄂古根海姆美术馆。

图1-2-4　弗兰克·盖里

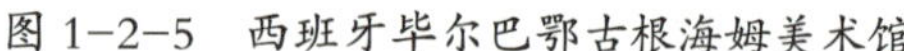

图1-2-5　西班牙毕尔巴鄂古根海姆美术馆

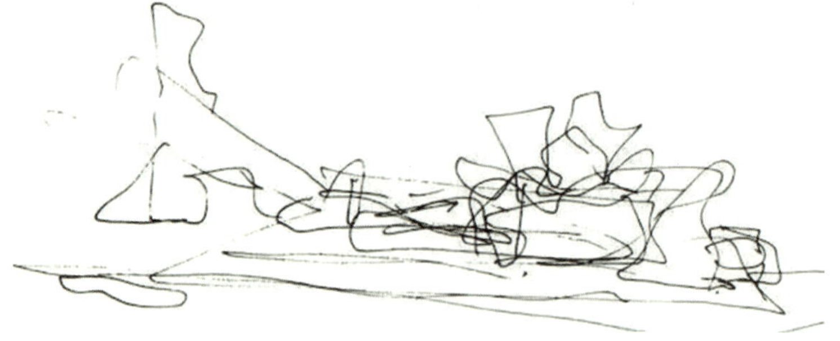

图1-2-6　弗兰克·盖里　西班牙毕尔巴鄂古根海姆美术馆设计手稿

3. 伦佐·皮亚诺

伦佐·皮亚诺（图1-2-7）是意大利当代著名建筑师，其设计风格属于晚期现代主义。1964年，皮亚诺从米兰理工大学获得建筑学学位，开始了他的建筑师职业生涯。他先后受雇于费城的路易斯·康工作室、伦敦的马考斯基工作室，后来在热那亚建立了自己的工作室。1971年，一个工程商建议皮亚诺与罗杰斯合作参加巴黎的蓬皮杜中心国际竞赛，他们最终赢得了竞赛并使得蓬皮杜中心成为巴黎公认的标志性建筑之一。自蓬皮杜项目之后，皮亚诺在日本、德国、意大利和法国大胆的商业、公共建设项目及博物馆设计为他赢得了广泛的国际声誉。

图1-2-7　伦佐·皮亚诺

1998年建成的芝贝欧文化中心，位于南太平洋中心的美丽小岛，该建筑按照比本土的棚屋大得多的尺度，选取原生材料，用现代技术建造，极具当地土著文化的魅力。在设计之初，伦佐·皮亚诺手绘了许多设计草图，最终将精湛的设计变成现实（图1-2-8至图1-2-12）。

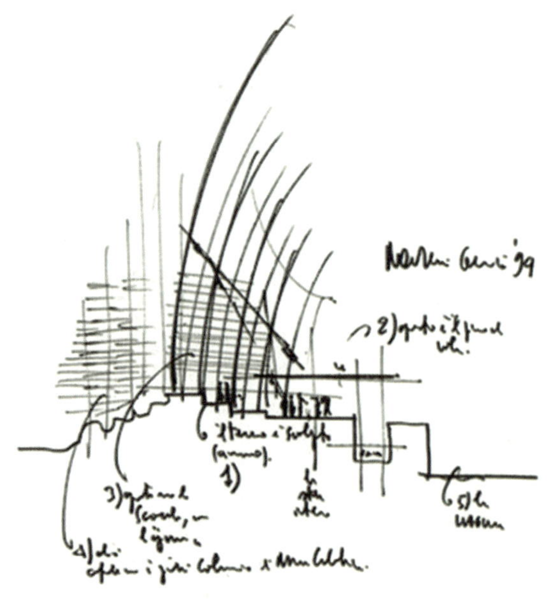

图1-2-8　伦佐·皮亚诺　芝贝欧文化中心设计手稿（一）

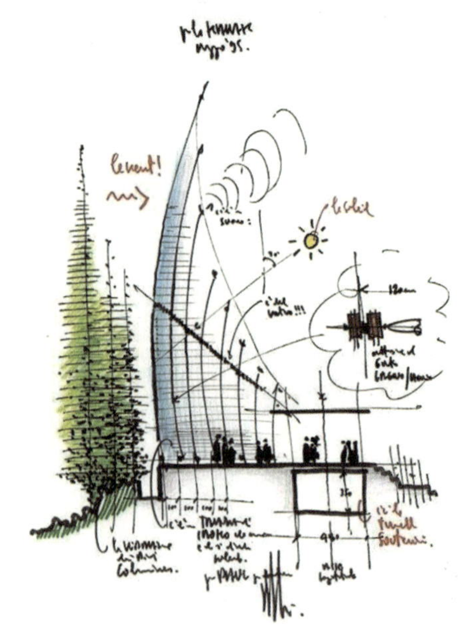

图1-2-9　伦佐·皮亚诺　芝贝欧文化中心设计手稿（二）

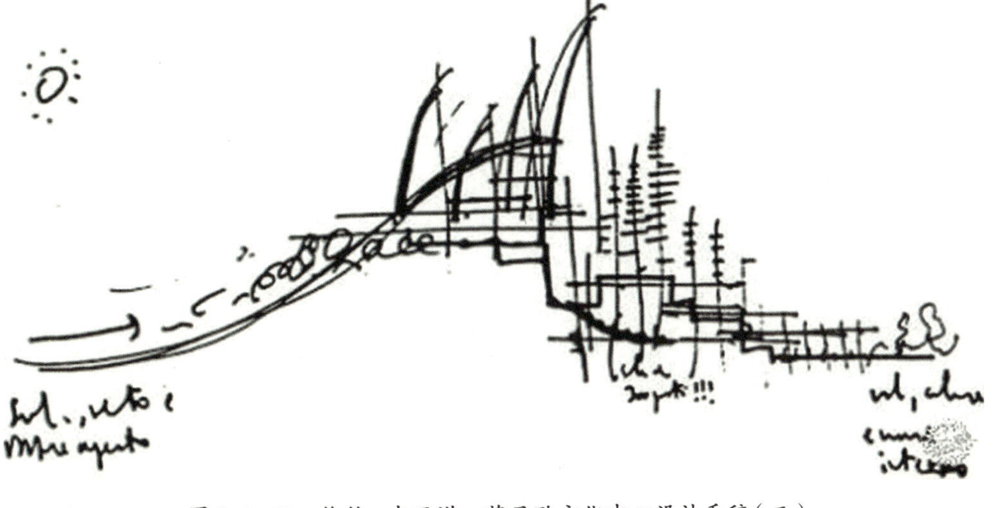

图 1-2-10　伦佐·皮亚诺　芝贝欧文化中心设计手稿（三）

图 1-2-11　芝贝欧文化中心（一）

图 1-2-12　芝贝欧文化中心（二）

4. 安藤忠雄

图 1-2-13　安藤忠雄

安藤忠雄（图 1-2-13）是日本著名建筑师。他自学建筑知识，于 1969 年创立安藤忠雄建筑研究所。他的设计理念和对材料的运用将国际上的现代主义和日本美学传统结合在一起。通过使用最基本的几何形态，用变幻摇曳的光线为人们创造了一个世界。对安藤忠雄来说，材料、几何与自然是构成建筑的三个必备要素，他的每一件作品都一丝不苟地体现着对这些要素的把握与组织。他的作品强调材料的真实性。他喜欢用混凝土，并执着于混凝土质朴与纯粹的表达。安藤忠雄认为几何是一种原理和演绎推理游戏，它为建筑提供了基础与框架，所以在他的作品中，均以圆形、正方形和长方形等纯几何形来塑造建筑空间与形体的特征。

2013 年，安藤忠雄为日本札幌墓园 30 周年的开幕设计标志性的大殿。在一片广袤的薰衣草山丘下，在任何角度看大佛，都看不到大佛的全貌，只有找寻入口才能一窥全貌。佛像高约为 135 m，从廊道走过去，强烈的视觉冲击和心理暗示，起到了震撼人心的效果（图 1-2-14 至图 1-2-16）。

2016 年，安藤忠雄为上海设计了上海保利大剧院（图 1-2-17、图 1-2-18）。安藤忠雄用万花筒来形容保利大剧院，其外观是方形组合，内部却产生了无穷的变化，沿着长长的圆形走道，走道尽头是不同的舞台。室内的大剧场，室外的水上剧场，楼上的小剧场，屋顶的露天剧场，各具特色。这座大剧院运用了 3.6 万方清水混凝土和大量的木材。

图 1-2-14　安藤忠雄　日本札幌墓园设计手稿

图 1-2-15　日本札幌墓园（一）

图 1-2-16　日本札幌墓园（二）

图 1-2-17　上海保利大剧院

图 1-2-18　安藤忠雄　上海保利大剧院设计手稿

二、国内大师的草图世界

图 1-2-19　彭一刚

彭一刚（图 1-2-19），1932 年 9 月 3 日出生于安徽合肥，建筑专家，中国科学院院士，天津大学教授、博士生导师，天津大学建筑设计规划研究总院名誉院长。

彭一刚多年来潜心于建筑理论的研究工作和建筑创作实践活动，主要从事建筑美学及空间构图理论、建筑设计方法论、传统建筑文化与当代建筑创新的研究，在建筑创作方面有独到的见解。

彭一刚设计的天津大学北洋纪念亭形态方正、风格淳朴，通体由花岗石砌合而成，上方是双龙戏珠的浮雕和“北洋大学堂 1895”几个苍劲大字，下方是由两根石柱顶起一个圆拱形成的拱形门。北洋纪念亭已经成为天津大学的标志性建筑物（图 1-2-20 至图 1-2-22）。他设计的雕塑也是惟妙惟肖，集中体现了环境与场地特征（图 1-2-23、图 1-2-24）。

图 1-2-20　北洋纪念亭

图 1-2-21　彭一刚　北洋纪念亭设计手稿

图 1-2-22　彭一刚　北洋纪念亭夜景设计手稿

图 1-2-23　天津大学雕塑

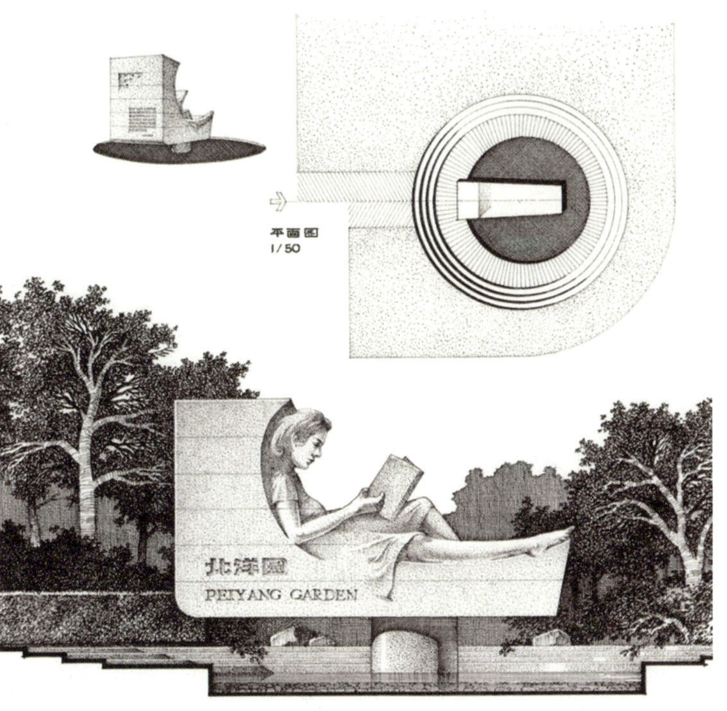

图 1-2-24　彭一刚　天津大学雕塑设计手稿

彭一刚设计的中国甲午战争博物馆由于作品个性鲜明，并富有深刻的历史文化内涵，深受广大群众的喜爱，得到了建筑界的赞誉（图 1-2-25 至图 1-2-28）。

彭一刚的设计作品从平面到效果图大都由本人亲自手绘完成，精湛丰富的绘画技法和独具匠心的表现，让一栋栋建筑在大师笔下出神入化、令人震撼。彭一刚的手稿堪称旷世大作，他将建筑手绘引领到了一个全新的高度。他的作品成为无数学子学习、临摹的卓越范本。

图 1-2-25　中国甲午战争博物馆

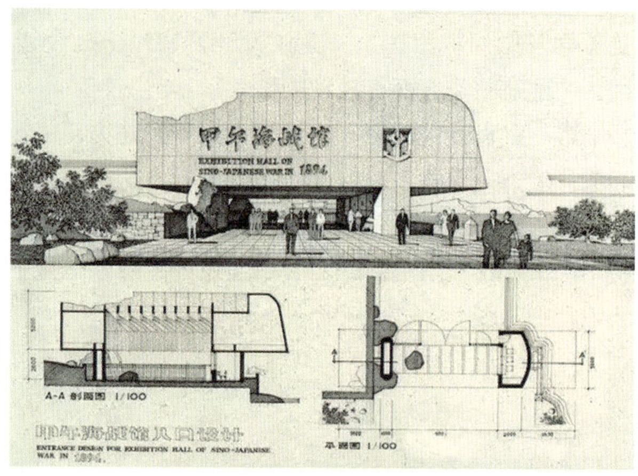

图 1-2-26　彭一刚　中国甲午战争博物馆设计手稿

图 1-2-27　中国甲午战争博物馆全貌

图 1-2-28　彭一刚　中国甲午战争博物馆雕塑设计手稿

第三节　手绘效果图的绘图工具及特点

一、钢笔

钢笔是外来书写工具（图 1-3-1），早期的速写写生是将钢笔作为快捷实用的绘画工具，随着建筑科学技术的发展，钢笔充分地运用到设计工作中，并成为设计师绘制草图和设计创作最基本的绘图工具。

钢笔线描技法特点是简单、便捷，轮廓清晰，效果强烈，笔法劲挺秀美。

1．钢笔线描的表现

风格：变化多样，工整严谨，随意洒脱。

图 1-3-1　钢笔

方式：白描，以勾勒单线为主，轮廓线结构线清晰明快，线条有粗细变化，外轮廓线和主要结构线用较重的线条，体面转折稍次之，平面上的纹理或远处次要景物再次之。

中国线描：起笔、行笔、收笔，抑扬顿挫，注重质感和情感的表达。

西方线描：依靠线条的组织表现光感质感，平直工整，用力均匀。

2. 钢笔线描的练习

线条依靠一定的组织排列，通过长短、粗细、疏密、曲直来表现。

工具画法：借助绘图钢笔、直尺工具画出，线条规范，呆板而缺乏个性。

徒手画法：洒脱、随意，具有艺术情感，处理不好会显零乱。

练习重点：平直流畅的垂直与水平线练习，不同角度的倾斜线练习，圆弧线的流畅性、圆线的对称性练习。

练习方法：运用黑、白、灰表现——可运用线条的粗细变化和疏密关系排列来表现（图 1-3-2）。其中，黑色可以增加体量感，用在阴影对比强烈的物体上，过多会显得沉闷；灰色太多则画面不敞亮，太少则过于简单概括；白色太多则画面轻，没有分量感。

钢笔画起稿步骤如图 1-3-3 至图 1-3-5 所示。

图 1-3-2　别墅钢笔画线稿

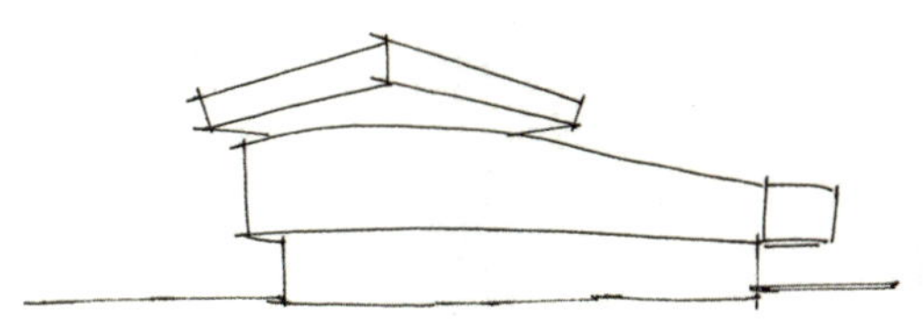

图 1-3-3　古根海姆博物馆钢笔画线稿（一）

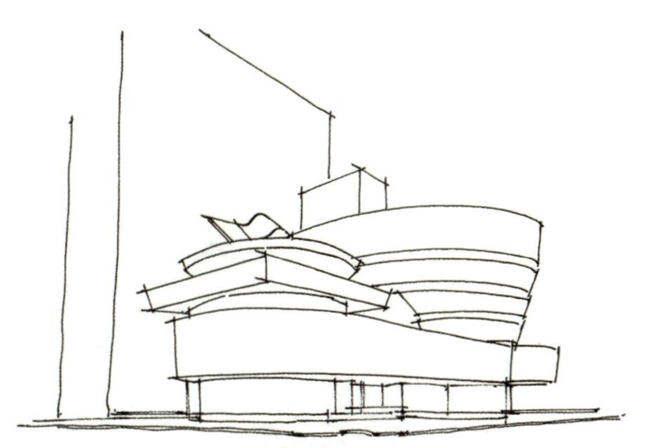

图 1-3-4　古根海姆博物馆钢笔画线稿（二）

图 1-3-5　古根海姆博物馆钢笔画线稿（三）

二、彩色铅笔表现技法

1. 彩色铅笔的特点

彩色铅笔（以下简称彩铅）的特点是方便、简单、易掌握、运用范围广，效果图表现典雅、朴实（图 1-3-6）。

2. 彩铅的种类

（1）水溶性彩铅：加水渲染，蘸水描绘。

（2）非水溶性彩铅：直接描绘，利用线条画出细微生动的层次变化。

3. 表现技法

（1）结合钢笔：钢笔起稿，彩铅上色（图1-3-7）。

（2）结合水彩：水彩作底色或铺出大色块关系，彩铅深入刻画；或彩铅绘画完成后，薄薄地罩上一层水彩。

4. 注意事项

（1）画线忌涂抹，以免画面发腻而匠气，应采取排线方式，显示笔触的灵动和美感。

（2）线条的组织形式与表现效果相关：线条紧密，排列有序，画面严谨、精巧、细腻；线条随意、松动，线条方向变化明显，画面活跃、轻松，充满生气。

（3）作画时可改变铅笔的力度，使明度和纯度发生变化，形成渐变效果，产生层次感。

（4）纸张会影响画面风格，粗糙纸张粗犷、豪爽；细滑纸张细腻、柔和。

（5）修改时少用橡皮擦。

（6）表现时要从大到小，从整体到局部，逐渐深入。

图1-3-6 彩铅

图1-3-7 彩铅表现

三、马克笔表现技法

马克笔是表现效果的上色工具之一（图1-3-8）。用较宽的笔触组织色块，不仅速度快，轮廓分明，而且简洁明确，容易表现设计师的创作意图。

马克笔可分为水性马克笔和油性马克笔。其品牌有很多种，可根据个人喜好选择。马克笔是设计师快速表达设计的常用工具。作为初学者，要先熟练马克笔的使用方法。

马克笔的特点是方便、快捷、迅速、色彩鲜艳，画面平整干净，适用于渲染气氛，表现情感。

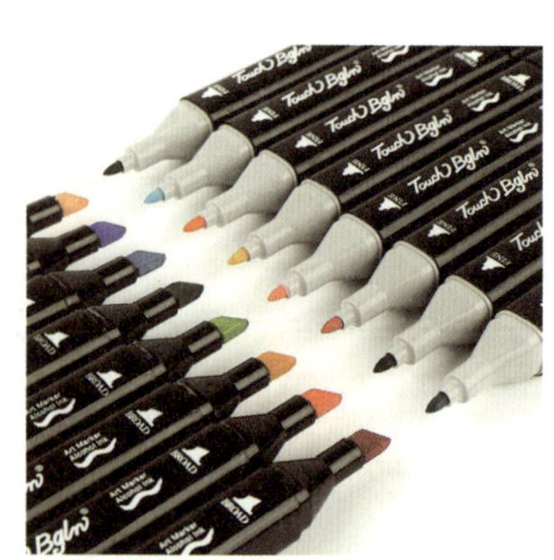

图1-3-8 马克笔

1. 马克笔笔触的运用

进行马克笔绘制时，有起笔和收笔的停顿，可通过粗细不同效果的线条和笔触来表现变化，马克笔的笔尖一般可分为粗细、方圆等类型。

运笔：线条平滑，完整，无节点，无波浪起伏。线条颜色均匀，无须叠加。

技巧：手腕锁紧不动，笔头不要离开画面纸张，眼睛要提前看到线条终点位置，快速运笔。

（1）马克笔的宽头一般用来进行大面积的润色（图1-3-9）。

（2）宽头线清晰工整，边缘线明显（图1-3-10）。

（3）细笔头表现细节，能画出很细的线，力度大，线条粗（图 1-3-11）。

（4）马克笔侧锋可以画出纤细的线条，力度大，线条粗（图 1-3-12）。

（5）稍加提笔可以让线条变细（图 1-3-13）。

（6）提笔稍高可以让线条变更细（图 1-3-14）。

图 1-3-9　马克笔的宽头（一）

图 1-3-10　马克笔的宽头（二）

图 1-3-11　马克笔细头

图 1-3-12　马克笔侧锋

图 1-3-13　稍加提笔的效果

图 1-3-14　提笔稍高的效果

2. 马克笔“摆笔”

“摆笔”是在马克笔运用中常见的一种笔触，线条简单地平行与垂直。线条交界线是比较明显的，它讲究快、直、稳。下面介绍几种常用的“摆笔”方法。

（1）单行摆笔的不同方向排列：马克笔的横向与竖向排列线条，块面完整，整体感强烈（图 1-3-15）。

笔触排列一般为平行重叠排列，排列时留出狭长的三角形间隙，线条排列由粗变细，结尾处呈现渐变“之”字形，做渐变可以产生虚实变化。线条排列时注重大胆留白处理，使画面透气生动（图 1-3-16）。

（2）单行摆笔的练习方法（图 1-3-17）：通过笔触渐变的排线练习可以熟练掌握单行摆笔的上色技巧。这种笔触的宽线条利用宽头整齐排线条，过渡时利用宽头侧锋或者细头画细线。运笔一气呵成，流畅连贯，整体块面效果强。

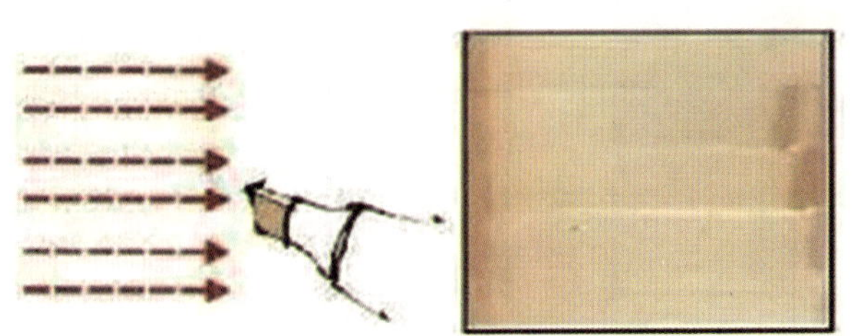
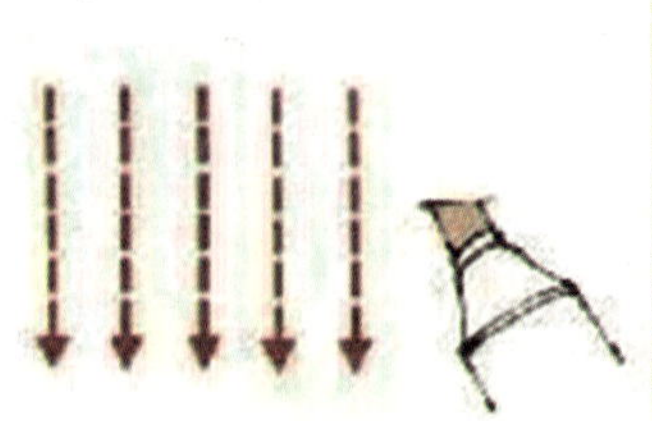

图 1-3-15　马克笔的横向与纵向排列线条

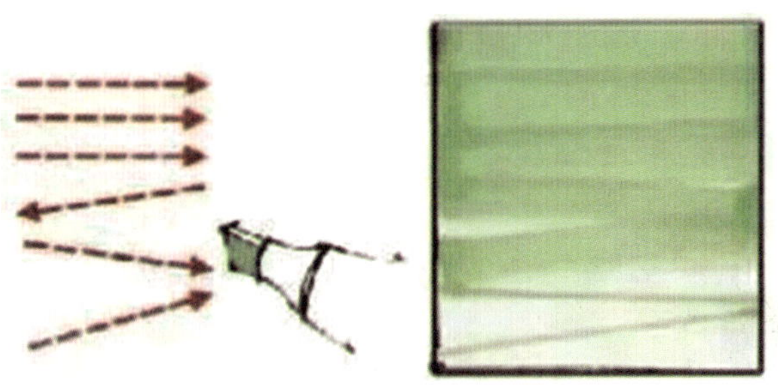

图 1-3-16　线条排列

3. 马克笔同色系叠加摆笔

“叠加摆笔”是通过不同深浅色调的笔触叠加产生丰富的画面色彩。这种笔触过渡清晰，为了体现画面明显的对比效果，体现丰富的笔触，常常使用几种颜色叠加。这种叠加在同类色中运用得比较多，有冷色系叠加（图 1-3-18）、暖色系叠加（图 1-3-19）、同色系叠加。

图 1-3-17 单行摆笔的练习方法

4. 叠加摆笔的不同叠加形式

通过不同方向与深浅色调的叠加，尤其是两种颜色的叠加，发现颜色色阶越接近的叠加过渡越自然（图 1-3-20、图 1-3-21）。马克笔的渐变效果可以产生虚实关系，不同方向的叠加，每一层叠加颜色的色阶小，过渡就会相对自然，笔触的渐变就会使画面透气，和谐自然。一般情况下，同色系色调从浅到深一层一层叠加，浅色铺大面积颜色，越深铺得越少（图 1-3-22）。

5. 马克笔扫笔

扫笔是一种高级技法，它可以一笔下去画出过渡，画出深浅，在绘画过程中表现暗部过渡，画面边界过渡时它都形影不离地跟随（图 1-3-23）。

扫笔的不同方向排列如图 1-3-24、图 1-3-25 所示。

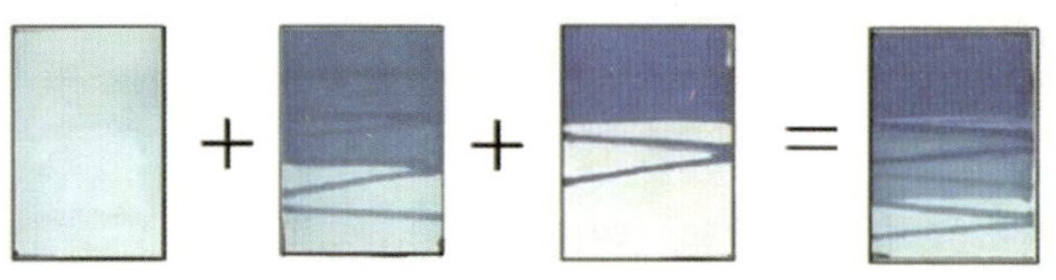

图 1-3-18 马克笔冷色系叠加摆笔

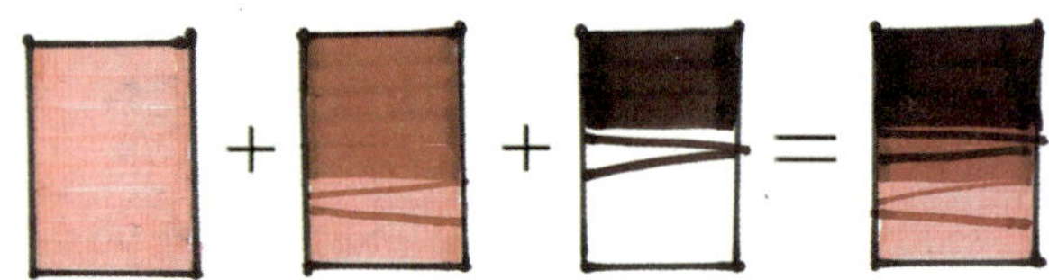

图 1-3-19 马克笔暖色系叠加摆笔

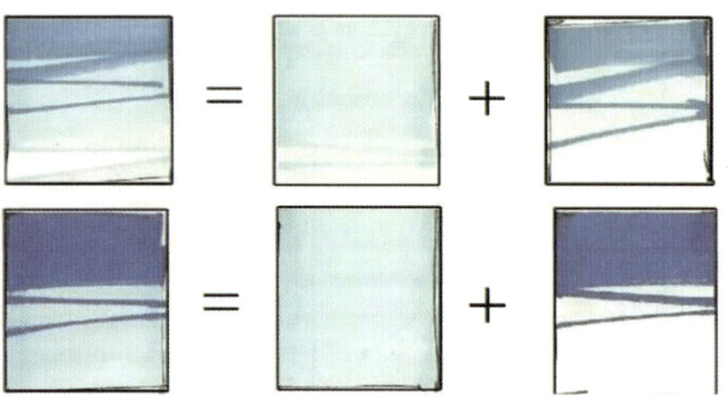

图 1-3-20 马克笔叠加摆笔（一）

图 1-3-21 马克笔叠加摆笔（二）

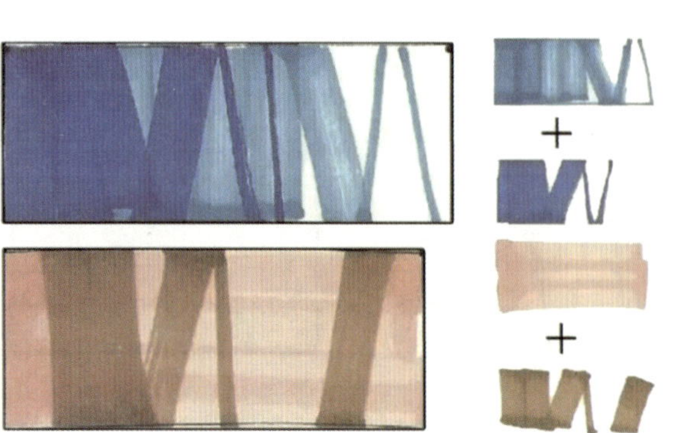

图 1-3-22 马克笔叠加摆笔（三）

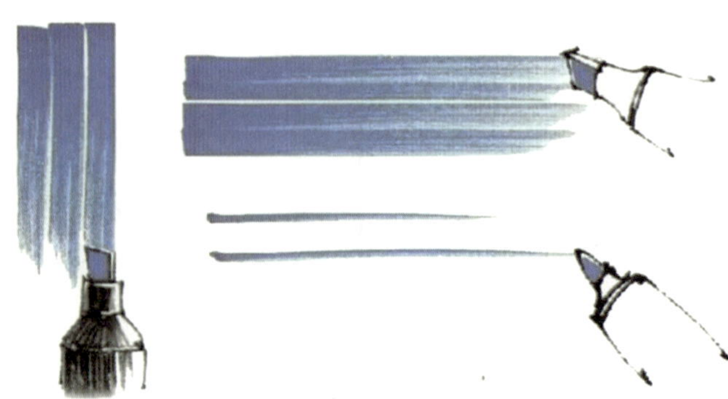

图 1-3-23 马克笔扫笔

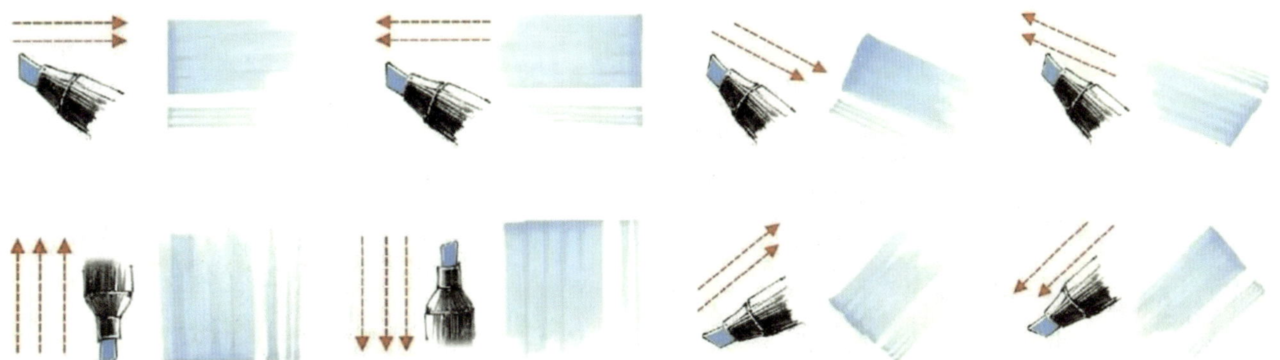

图 1-3-24　马克笔不同方向扫笔（一）　　图 1-3-25　马克笔不同方向扫笔（二）

6. 马克笔斜推

斜推是透视图中不可避免的笔触，两条线只要有交点，就会出现棱角斜推的笔触，这种笔触能使画面整齐，不出现锯齿（图 1-3-26）。

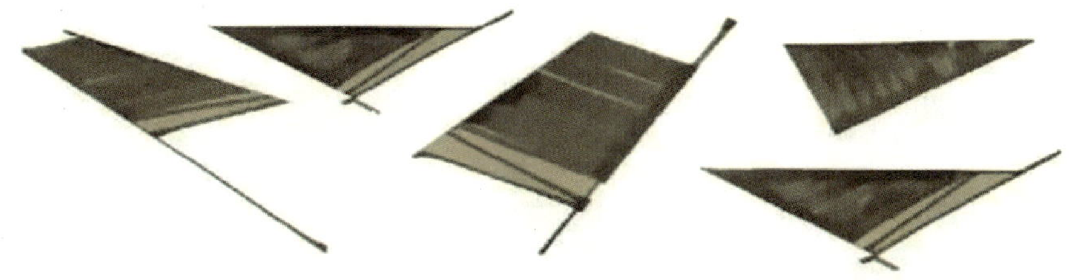

图 1-3-26　马克笔斜推

四、马克笔的色彩表现

1. 表现步骤

（1）钢笔（针管笔）草图起稿构思，纸张选用复印纸、硫酸纸都可。重点应放在确定效果图的主要表现部分即趣味中心上，用线条准确地画出空间透视、物体的尺度比例关系、各部分的面积分布。

（2）完善钢笔线描稿，对草图进行深入刻画，用线条进行黑、白、灰的疏密表现，注意主次关系，可复印多份以尝试表现不同的色稿（图 1-3-27、图 1-3-28）。

（3）马克笔上色，由远及近，由浅入深（图 1-3-29、图 1-3-30）。

注意：明暗关系的处理——利用马克笔色彩明度上的深浅变化，在素描黑、白、灰的基础上加以表现，概括处理亮、暗、明暗交界线的层次变化。

图 1-3-27　马克笔线稿表现（一）

图 1-3-28　马克笔线稿表现（一）

图 1-3-29　马克笔色彩表现（二）

图 1-3-30　马克笔色彩表现（二）

冷暖关系的处理——确定基调，冷调、暖调或灰调，可选用冷灰或暖灰系列的马克笔进行同一色系的色彩效果渲染。

虚实关系——空白的运用。

2. 表现方法

（1）可以先用冷色或暖灰色的马克笔定出明暗调子。

（2）在运笔过程中，用笔遍数不宜过多，在第一遍颜色干透后，再进行第二遍上色。

（3）运笔要准确快速，保持透明与干净，用笔犹豫拖拉会造成色彩渗出与混浊。

（4）笔触以排线为主，有规律地组织线条方向和疏密，排笔、点笔、跳笔、晕化、留白等方法要灵活运用。

（5）先上浅色，后覆盖较深的颜色，注意色彩之间和谐搭配，忌用过于鲜亮的颜色，以中性色调为主。

（6）可结合彩铅、水彩来使用。

第四节　手绘效果图基础

线条是手绘效果图中物体表达最重要的基础元素，它能够直接地、概括地勾画出物体的形体特征和形体结构，具有丰富的表现力和形式美感。线条的变化包括快慢、疏密、虚实、轻重、曲直等，不同的线条变化能够表现出不同的艺术效果，例如，通过线条的疏密变化能够反映出物体的黑、白、灰关系（图 1-4-1）。

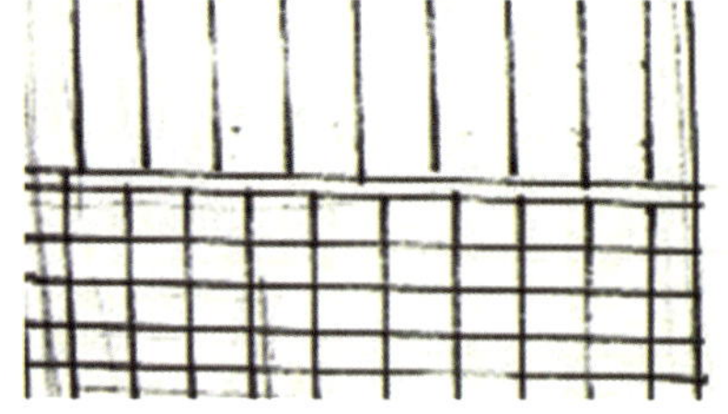

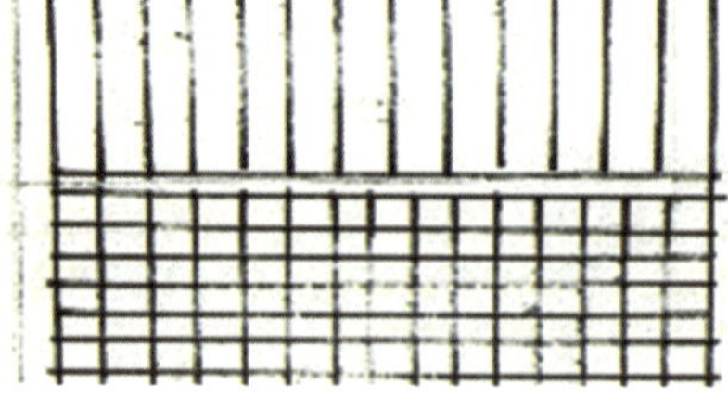

图 1-4-1　线条疏密表现

常用钢笔、针管笔等工具进行线条练习。通过钢笔线条练习，训练手对线条的控制能力，最终达到对线条的把控收放自如，使手能够被大脑控制，达到心手合一。练习时要大胆用笔，表现出钢笔线条特有的力度感、流畅感和韵律感。打下坚实的手绘基本功，对设计类专业同学能够准确地塑造形体起着重要的作用（图 1-4-2）。

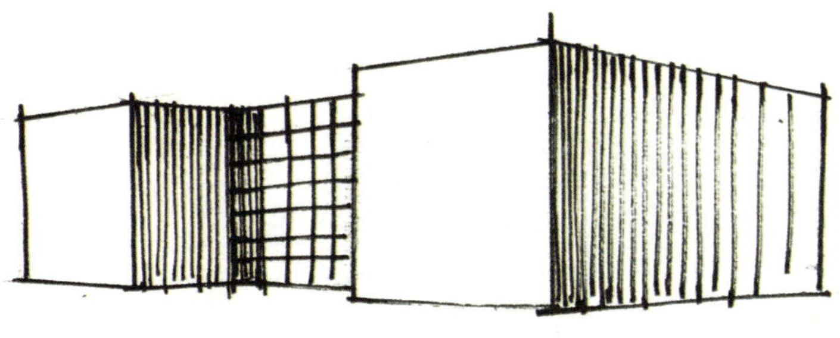

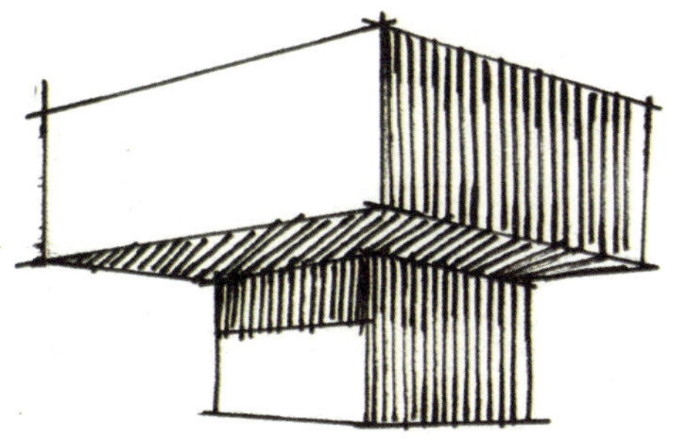

图 1-4-2　线条透视表现

钢笔线条窍门：

（1）起笔到落笔一气呵成。

（2）切忌来回重复一根线条。

（3）下笔肯定，运笔流畅，落笔无悔。

（4）最终呈现的线条流畅自然，带有节奏和韵律，可以区分轻重缓急，笔触变化灵活。

手绘线条练习的同时，还需要培养手、眼、脑的相互协调能力和表现能力，从而能够快速而准确地表达想要表达的物象。

（5）调子是通过线条的疏密来实现的。要提高基本功，就需要练习排线。练习排线是为了所绘线条的稳定性和平衡，需要画者对于线条有控制的能力。

排线或者调子可以有很多方式，包括斜线、缠绕线、交叉线、竖线、横线、点等。而排线的要点是由浅入深，因为浅的部分线条比较稀疏。可通过线条的叠加来实现调子的明暗，叠加得越多，越暗（图 1-4-3 至图 1-4-5）。

图 1-4-3　排线练习（一）

图 1-4-4　排线练习（二）

图 1-4-5　排线练习（三）

第五节　比例尺度表达

比例是指物体长、宽、高之间数学上的关系。尺度是物体整体与局部之间的关系或局部与局部之间的关系。建筑物的整体与局部、局部与局部的比例和尺度关系，对于获得良好的建筑造型至关重要（图 1-5-1 至图 1-5-8）。

在建筑或园林景观写生或临摹时，应该强调比例关系的准确性，一切物体的比例关系都是客观存在的，如形状、长宽、高低、大小、粗细等。比例是各物体之间、物体自身各部分之间的一种度量关系，任何物体都可以用一个特定的比例去衡量、去判断。确定比例关系的方法是先从整体出发确定大的比例关系，然后确定局部的细小的比例关系。对于初学者来说，大量的临摹是必不可少的，正确掌握比例关系，要注意训练眼睛的观察能力和判断能力。

图 1-5-1　呼和浩特火车西站实景

图 1-5-2　呼和浩特火车西站手绘

图 1-5-3　呼和浩特清真大寺实景

图 1-5-4　呼和浩特清真大寺手绘

图 1-5-5　呼和浩特五塔寺实景

图 1-5-6　呼和浩特五塔寺手绘

图 1-5-7　呼和浩特风情街实景

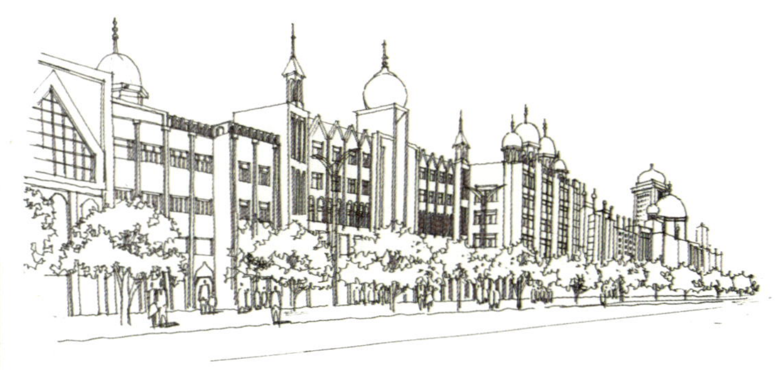

图 1-5-8　呼和浩特风情街手绘

第六节　透视

运用透视原理在二维平面表现三维空间的效果。

一、效果图透视的基本规律

（1）近大远小，近实远虚。

由于受到空气中的尘埃和水汽等物质的影响，物体的明暗和色彩效果会有所改变，降低清晰度，产生模糊感，因此，利用透视规律，近处的物体加以清晰的光影质感的表现，远处的物体减少明暗色彩的对比和细节刻画，可达到增加空间透视的效果。

（2）近宽远窄，垂直大，倾斜小。

例如，透视表现中房屋、建筑、树木显得高大，马路距离长远，但因角度倾斜，显得短。

二、视点和角度的确定

在具体方案设计过程中，进行空间表现时，对于视点和角度的确定应注意：

（1）在表现整体空间中，最需要表现的部分放在画面中心。

（2）对于较小的空间要有意识地夸张，使实际空间相对夸大，并且要把周围的场景尽量绘制得全面。

（3）尽可能选择层次较为丰富的角度。

（4）如果没有特殊需要，在表现室内时，尽量把视点控制在 1.7 米及以下。

（5）在确定方案时，可徒手画些不同视点的透视草图，择优选择。

三、透视图中的基本术语

（1）视点：人眼睛所在的地方，标识为 S。

（2）视平线：与人眼等高的一条水平线 HL。

（3）视线：视点与物体任何部位的假想连线。

（4）视角：视点与任意两条视线之间的夹角。

（5）视域：眼睛所能看到的空间范围。

（6）站点：观者所站的位置，又称停点，标识为 G。

（7）视距：视点到心点的垂直距离。

（8）灭点：透视点的消失点。

四、视平线的选取

视平线是人在观看物体时与人眼睛等高的一条水平线，视点高低不同可产生平视、仰视、俯视的效果（图 1-6-1）。

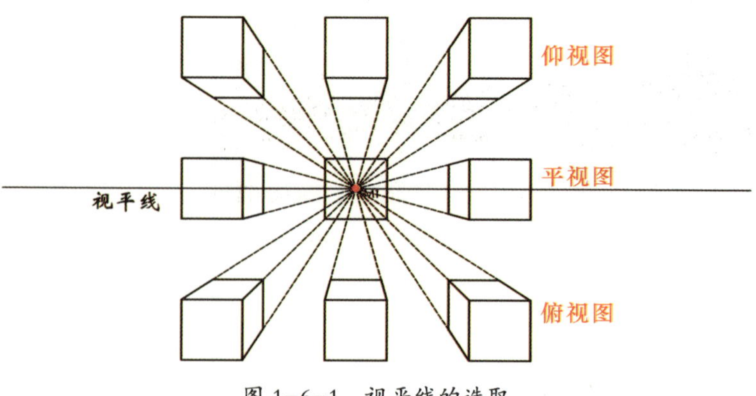

图 1-6-1　视平线的选取

五、一点透视

一点透视（图 1-6-2）也称为平行透视，其特点如下：

（1）环境中物体至少有一个面与画面平行；

（2）所有远处消失线都集中在一个灭点上；

（3）使空间产生较强纵深感；

（4）同时表现建筑、景观环境的正立面，左右立面，以及地面、天空（图 1-6-3）；

（5）较常用于表现室内空间环境。

一点透视手绘练习如图 1-6-4、图 1-6-5 所示。

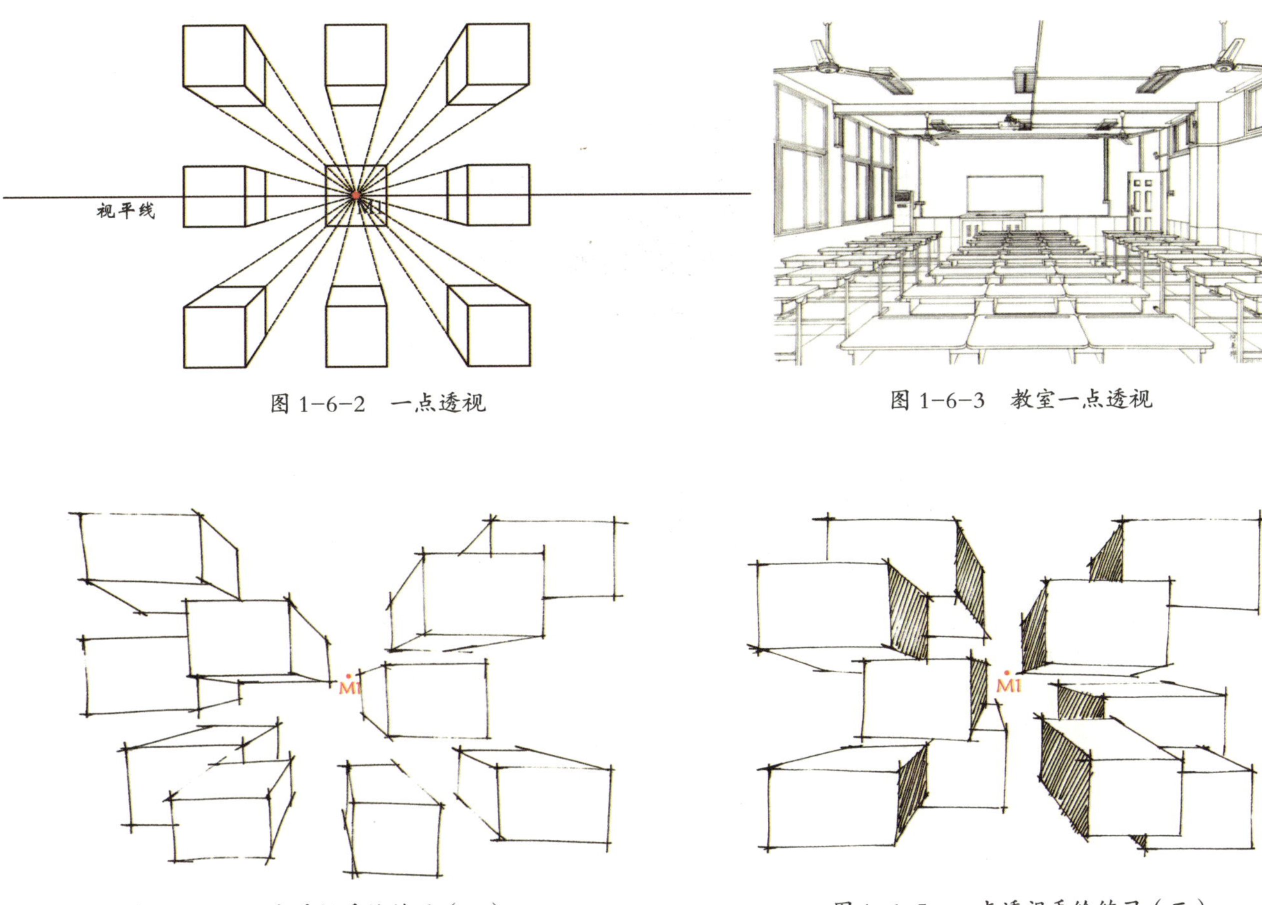

图 1-6-2　一点透视

图 1-6-3　教室一点透视

图 1-6-4　一点透视手绘练习（一）

图 1-6-5　一点透视手绘练习（二）

六、两点透视

两点透视（图 1-6-6）也称为成角透视，其特点如下：

（1）所有物体的消失线向两边的灭点处消失；

（2）自由、活泼，反映环境中建筑或景观环境的正面和侧面，易表现出体积感（图 1-6-7）；

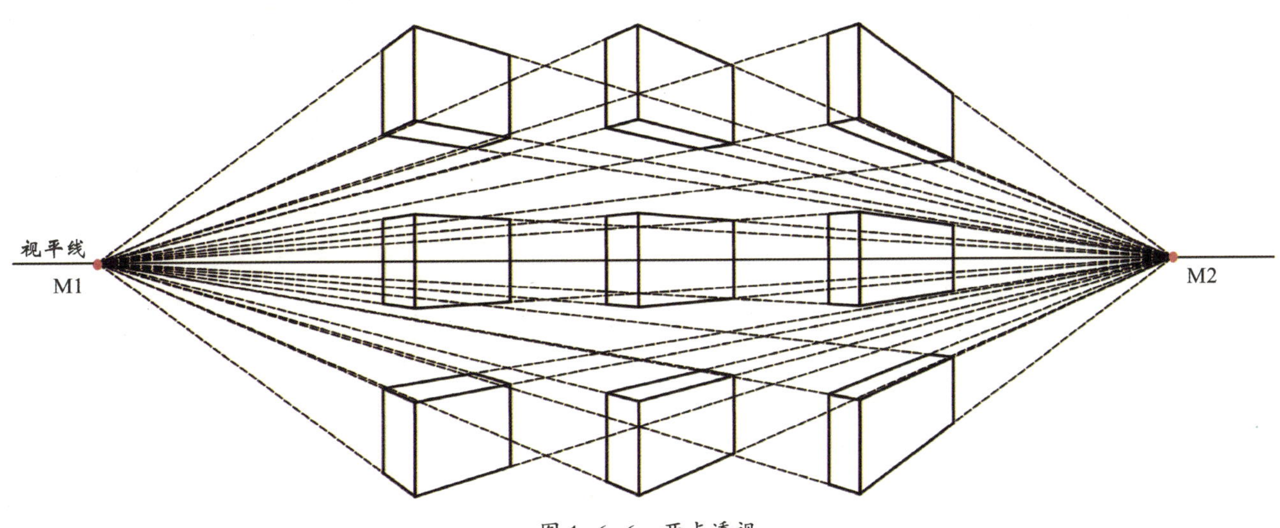

图 1-6-6　两点透视

图 1-6-7　建筑两点透视

（3）有较强的明暗对比效果，富于变化；

（4）室内外环境的表现中常用此种方法，室外也可用于表现局部或一角。

两点透视手绘练习如图 1-6-8、图 1-6-9 所示。

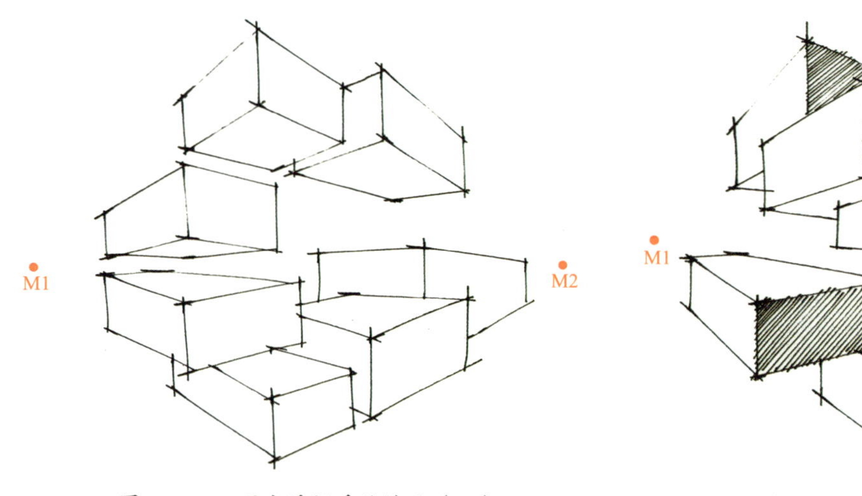

图 1-6-8　两点透视手绘练习（一）

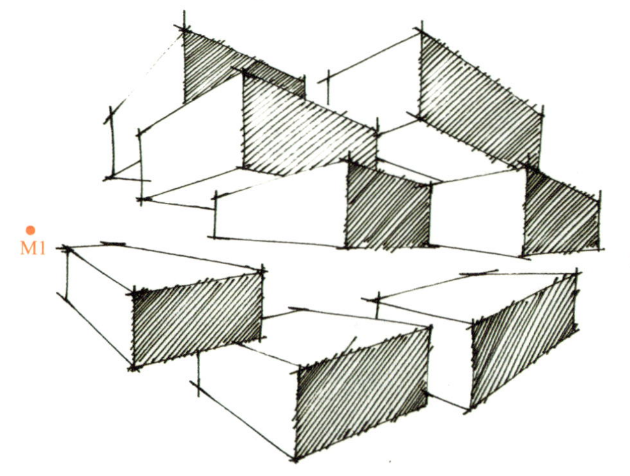

图 1-6-9　两点透视手绘练习（二）

第七节　构图方法

（1）画面内容不易过饱，构图中讲究整体观察（图 1-7-1 至图 1-7-3）。

（2）主要建筑物或主要景观所占面积通常约为纸面的三分之一。

（3）建筑物或景观地面的面积应小于天空的空间，这样才有稳重感。

（4）建筑物或景观左右应留空间，增添配景充实画面。

（5）当天空面积较大时，空白显得太多时，可以绘制出较近的树叶填补。

（6）各类建筑物和景观明度、面积均衡分布，面积大小和位置分布注意比例尺寸。

（7）透视图中的前景、建筑物、背景三部分要用不同明度对比区分，才可使前后有深度感，突出建筑物。

（8）建筑物或景观本身线条应详细刻画，其他可简单绘之。

（9）透视画上可绘出远近不同的树，来增加画面深度及大小比例感。

（10）透视画的配景：人、物、树木、汽车，可以使画面由呆板转为活泼生动，有深度感，并能清楚识别建筑物的大小比例。

（11）画面的气氛，也可用绿化、陈设、人物等穿插绘画，但要注意比例关系。

（12）画面应有虚实感，突出主要部分，强调主要部分的色彩、线条。

图 1-7-1　别墅马克笔效果图（一）　陈昌生作品

图 1-7-2　别墅马克笔效果图（二）　陈昌生作品

图 1-7-3　别墅马克笔效果图（三）　陈昌生作品

本章小结

本章介绍了国内外手绘效果图的发展历史、表现工具及特点等。通过对国内外建筑和景观大师的设计理念、创作灵感、手绘表达、经典设计作品的呈现，传达给手绘学习者一个重要的信息：手绘是一种直观而生动的方式，也是方案从构思迈向现实的第一步。

同时，本章介绍了手绘效果图的绘图工具及特点。透视原理、比例尺度和构图的基本知识对于效果图的绘制至关重要，因此，掌握透视原理、比例尺度的表达对于设计师来说必不可少。通过构图，可以使手绘效果图作品达到虚实有致、生动活泼的效果。

思考与实训

1. 国内外手绘效果图的特点分别是什么？

2. 密斯·凡·德·罗（Ludwig Mies Van der Rohe）、弗兰克·盖里（Frank Owen Gehry）、伦佐·皮亚诺（Renzo Piano）和安藤忠雄的设计理念及其代表作品分别是什么？他们的手绘概念草图对实践作品是否有很大帮助？

3. 国内建筑大师彭一刚的设计理念及其代表作品是什么？找出 1 ～ 2 幅手绘作品进行临摹训练。

4. 在 A4 或 A3 纸上练习直线、曲线、波浪线的表达方法，临摹本章列出的手稿。

5. 简述比例和尺度的概念。

6. 一点透视和二点透视的特点有哪些？

7. 构图的方法有哪些？在实际手绘训练中如何运用？

CHAPTER TWO

第二章 建筑手绘表达

资源拓展

■ 本章导读

本章主要介绍建筑空间造型的衍生过程和体块表达方法，包括直线型和曲线型基本建筑体块图与建筑体块组合图。通过叠加、切割、穿插、积聚和变形等方法，产生空间的多样性来满足业主和设计者想要的空间造型。

同时，本章介绍了建筑一点透视图和二点透视图的特点及绘制步骤。

本章的结尾部分，主要讲授了平面植物、立面植物和交通工具的手绘表现。其中，平面植物中包含乔木、低矮灌木丛、树群、树阵的手绘表现方法和步骤；立面植物中包含枝干结构、树形、树叶形状的手绘表现方法和步骤；交通工具中介绍了常用交通工具的手绘表现方法和步骤。

■ 学习目标

掌握基本建筑体块如何通过叠加、切割、穿插、积聚和变形等方法，产生空间的多样性来满足业主和设计者想要的空间造型；

掌握不同建筑立面图的设计步骤和绘制步骤以及建筑平面图的手绘表达方法；

掌握不同类型建筑一点透视图和二点透视图的绘制方法，线稿表现和色彩表现。

第一节 建筑体块表达

建筑体块图就是将建筑的形体抽象成一个体块，体块可以通过切割、穿插、积聚和变形等，产生空间的多样性来满足业主和设计者想要的空间造型。建筑体块图可以准确方便地反映建筑的空间特征，帮助设计人员研究建筑与使用者的关系，以及分析周围环境特征。一个复杂的建筑空间组合最初都是由一个简单的建筑体块幻化而来，所以，作为一个初学者，了解并掌握建筑体块图的画法非常重要。直线建筑体块如图 2-1-1、图 2-1-2 所示，曲线建筑体块如图 2-1-3 所示。

图 2-1-1 直线建筑体块（一） 刘帅作品

图 2-1-2　直线建筑体块（二）　刘帅作品

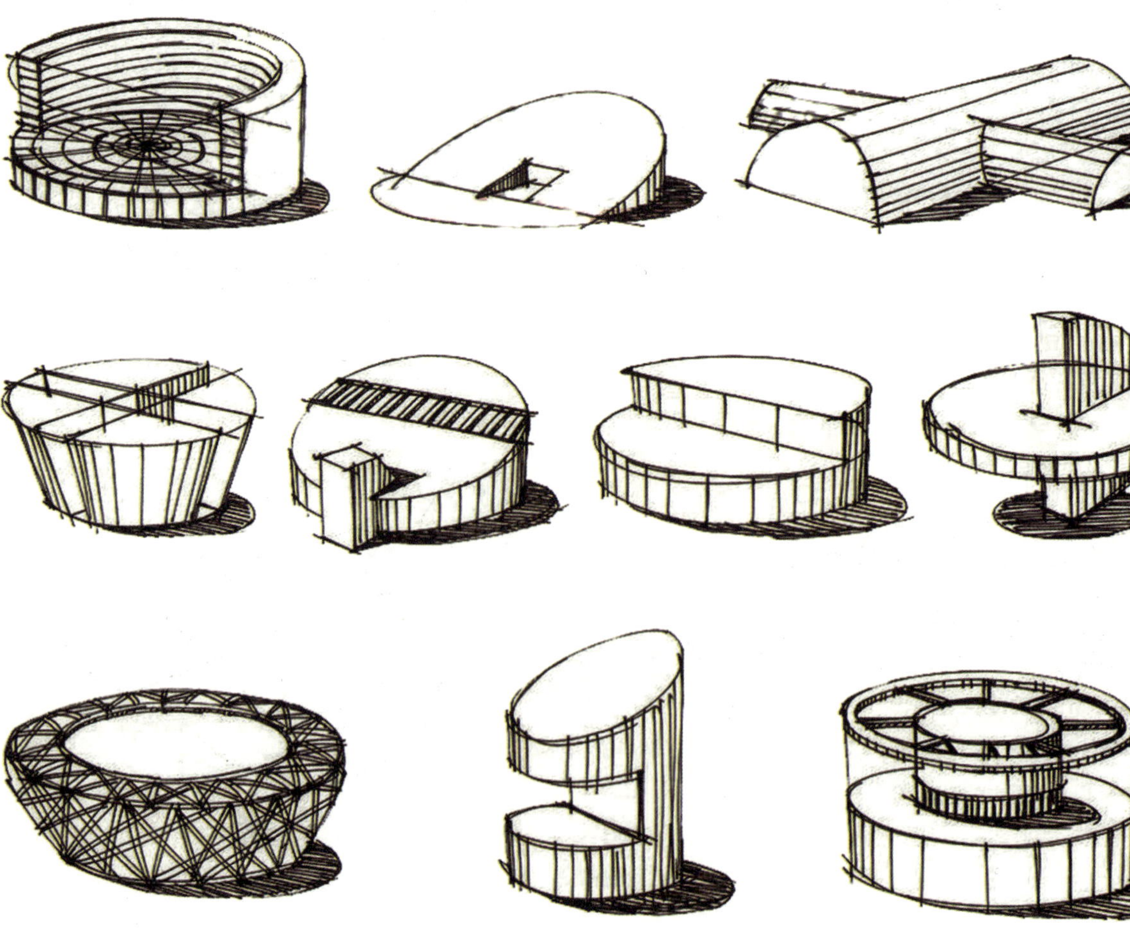

图 2-1-3　曲线建筑体块　张炜作品

第二节 平面功能表达

建筑平面图是假想用一水平的剖切面沿门窗洞位置将房屋剖切后，对剖切面以下部分所作的水平投影图。它反映出房屋的平面形状、大小和布置；墙、柱的位置、尺寸和材料；门窗的类型和位置等。平面图是建筑设计的重心，平面功能设计好坏直接决定设计的水准。设计者在设计前期会通过大量的草图去完善建筑平面功能，这就决定了平面的手绘表达非常重要。手绘表达的准确、美观与否直接影响业主以及设计者对设计的解读。在建筑方案设计中，平面图应该交代设计的功能关系、结构关系、交通流线关系、环境关系（一层周边的环境要素）等。

建筑平面图作为建筑设计、施工图纸中的重要组成部分，反映建筑物的功能需要、平面布局及其平面的构成关系，是决定建筑立面及内部结构的关键环节。其主要反映建筑的平面形状、大小、内部布局、地面、门窗的具体位置和占地面积等情况。因此，建筑平面图是新建建筑物的施工及施工现场布置的重要依据，也是设计及规划给排水、强弱电、暖通设备等专业工程平面图和绘制管线综合图的依据。下面是别墅一层平面图（图 2-2-1）和单元式住宅设计标准层平面图（图 2-2-2 至图 2-2-4）的基本手绘画法与上色参考。

别墅平面图的绘制步骤：

一层平面图需要表达建筑的主要功能、流线，突出主要房间、次要房间和交通辅助性房间。应画出主次入口、室外地面与室内地面的高差台阶、坡道，周边或建筑内庭院和外部景观的简化环境设计，室内柱网关系，各个具体功能面积和名称。同时，要体现墙体与窗户位置、剖切符号、指北针、比例尺和室内外高差等重要信息。

（1）完成设计草图后，按照设计用铅笔画出建筑面积范围，然后确定楼梯、洗手间的位置，大致画出各部分功能墙线。

（2）各部分功能及面积布置完成后，用墨线笔或者绘图笔画出墙线，在画墙线时要求注意预留门洞口、窗洞口的位置。

（3）墙线绘制完成后，门的表达一次性完成，要注意门的开启

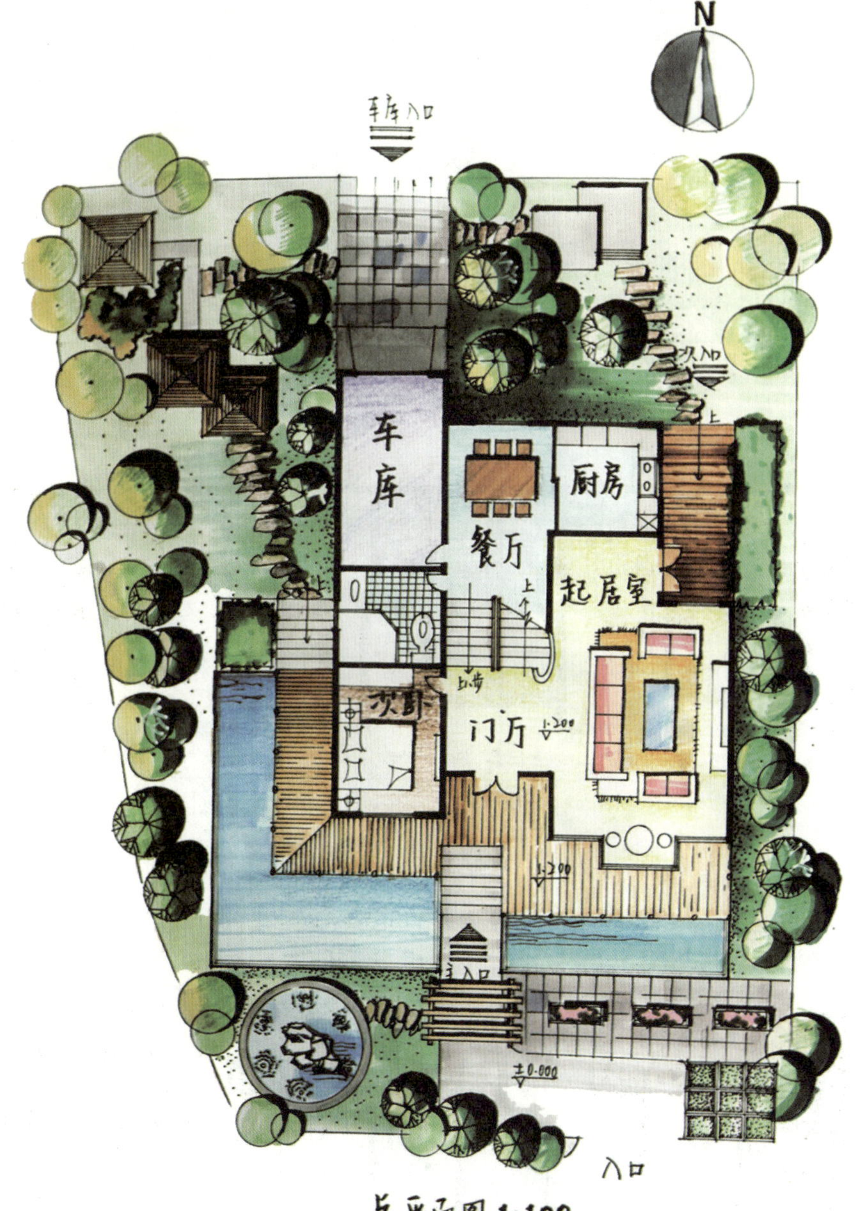

图 2-2-1 别墅一层平面图 刘帅作品

方向，在这一过程中绘制出主次入口周边的环境景观。

（4）建筑部分绘制完成后，标示建筑功能名称，细化周边环境关系。

（5）绘制剖切符号、指北针、比例尺和室内外高差标高等重要信息。

（6）准备上色，用彩铅或马克笔对各类功能房间进行着色，着色时要选用浅色调为主的颜色。选用彩铅时尽量用渐变色的画法来表达各功能房间，选用马克笔时要注意马克笔的笔触和通透性，该留白时留白。

（7）最后是环境着色。环境着色色调应尽量浅，突出主体建筑，植物表达时要绘出阴影，以显得真实。

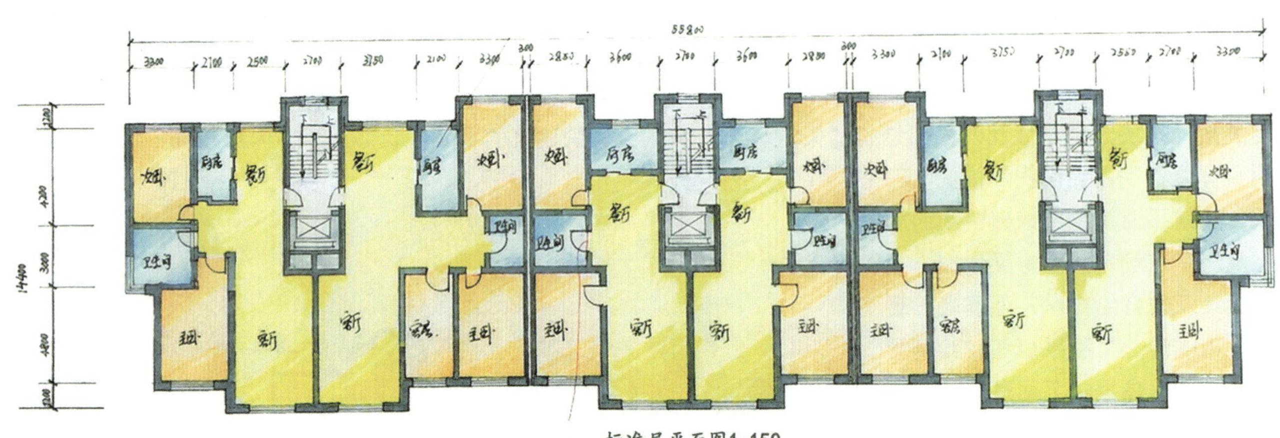

图 2-2-2　单元式住宅设计标准层平面图（一）

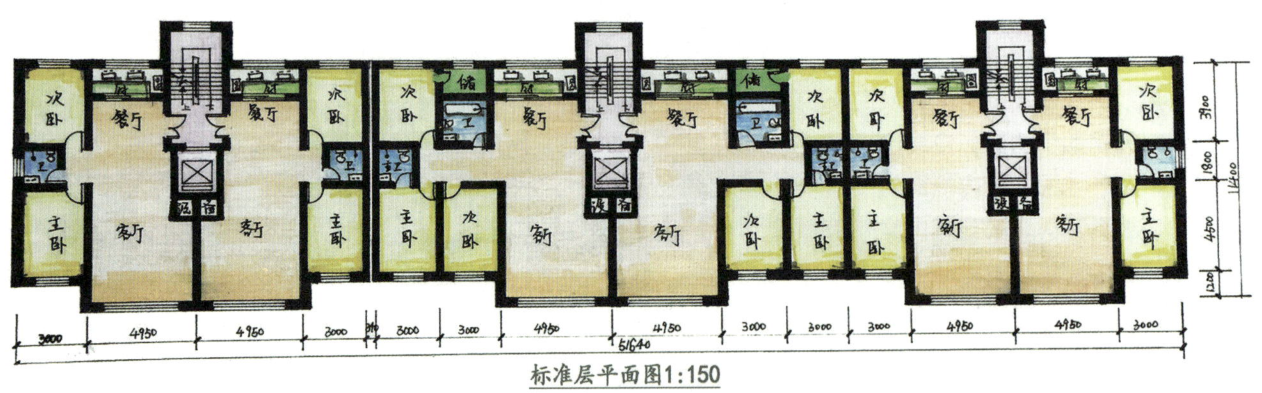

图 2-2-3　单元式住宅设计标准层平面图（二）

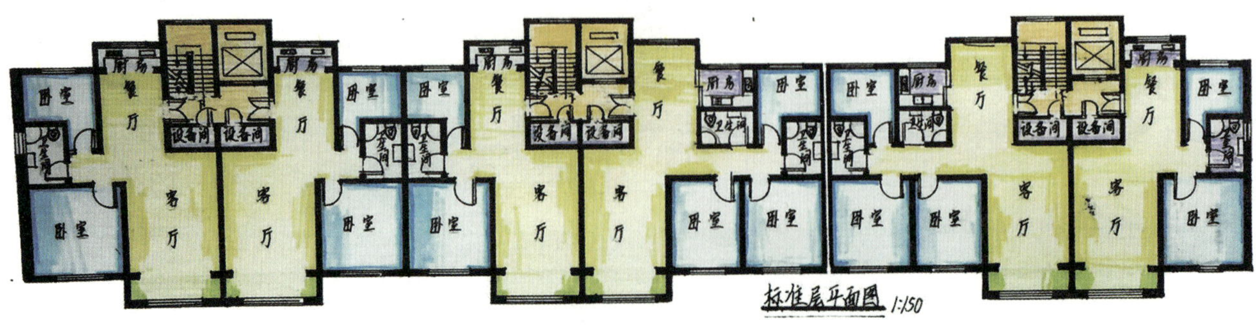

图 2-2-4　单元式住宅设计标准层平面图（三）

第三节　立面设计表达

建筑立面就是在与建筑立面平行的投影面上所作房屋的正投影图。一座建筑物是否美观，很大程度上决定于它在主要立面上的艺术处理，包括造型与装修是否优美。其中，反映主要出入口或比较显著地反映出建筑外貌特征的立面图，称为正立面图。通常也可按房屋朝向来命名，如南北立面图、东西立面图（图 2-3-1 至图 2-3-9 所示）。建筑立面图在表达上要画清楚各个体块之间的关系，如果有前后距离，应以阴影表示。

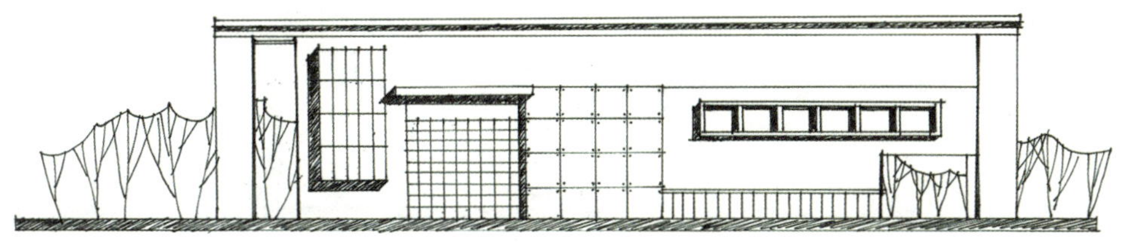

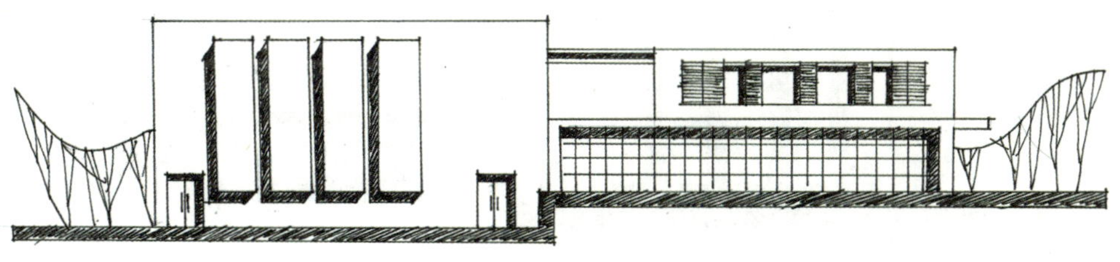

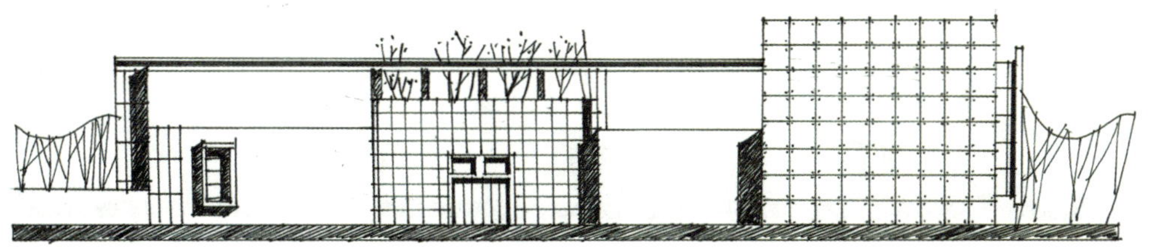

图 2-3-1　小型展览馆立面图　张炜作品

建筑立面图应画出从建筑物外可以看见的室外地面线、房屋的勒脚、台阶、花池、门、窗、雨篷、阳台、室外楼梯、墙体外边线、檐口、屋顶、雨水管、墙面分格线等内容。

建筑立面图的绘制步骤：

（1）在画平面图柱网的时候就可以用铅笔把主立面图的柱间距等量对齐画下来，也就是平面图正下方最好能有一张同一朝向的立面图，这样比较美观，最重要的是可以节省很多时间。

（2）使用 0.2 或 0.3 针管笔画轮廓，将里面所有的设计要素表现出来，可以尺规也可以徒手手绘制图，一般是铅笔打稿时用尺规，上墨线时徒手，画出里面的前后空间层次关系，以及适当的材质。

（3）给玻璃和材质上色，适当做些渐变、留白，避免呆板。地面线涂黑加粗，以示剖线。不同进深的图要画出不同宽度的投影。

（4）立面旁边要画出简单的配景，以衬托出建筑立面为宜，颜色宜为单色或同一色系两色，不能多，不能抢。

（5）墙体上色时尽量用中性色，忌用色彩较为鲜艳的颜色。

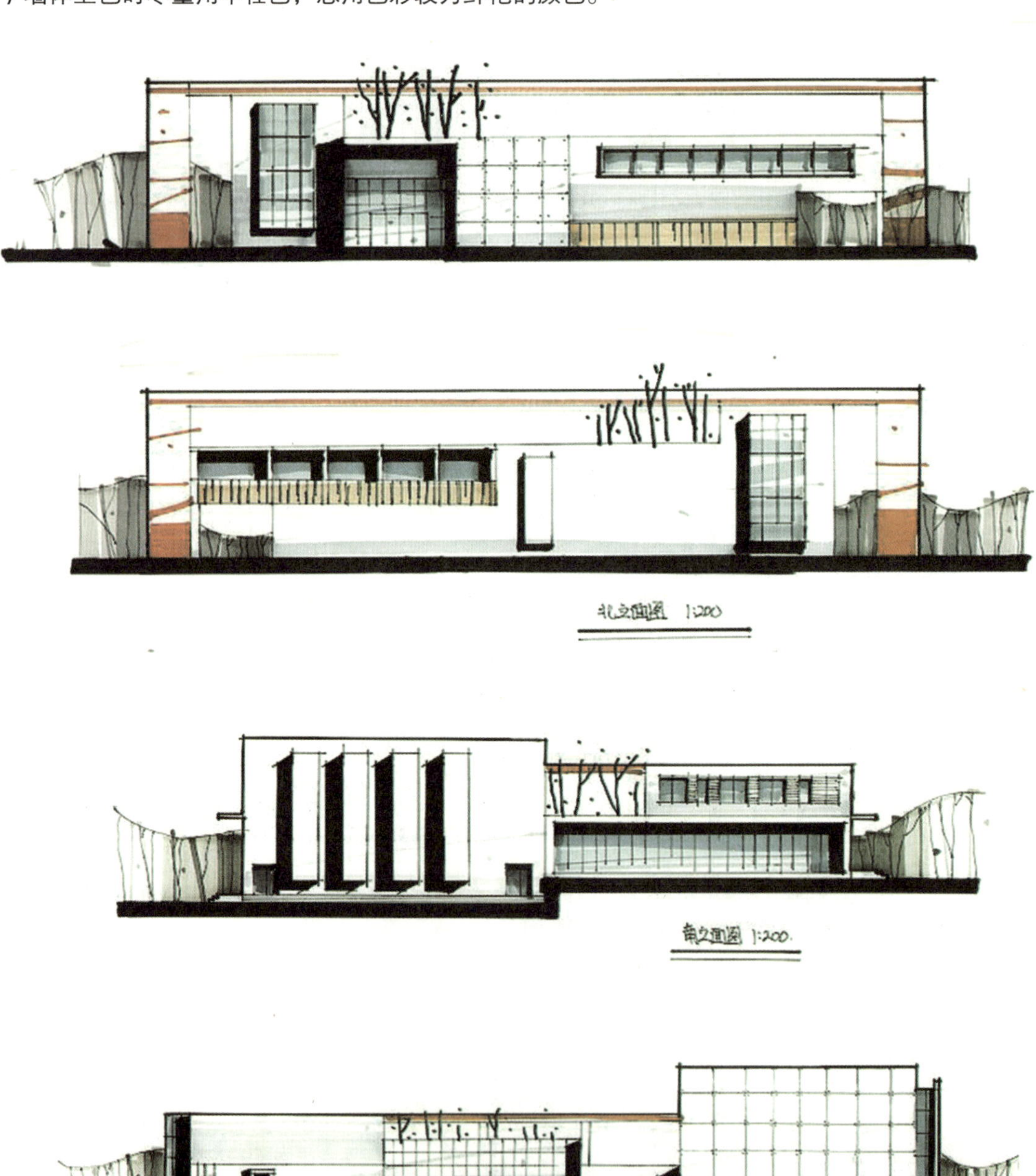

图 2-3-2　小型展览馆马克笔立面图　刘帅作品

图 2-3-3　南立面图　刘帅作品

图 2-3-4　西立面图　刘帅作品

图 2-3-5　南立面图　刘帅作品

图 2-3-6　北立面图　刘帅作品

图 2-3-7　单元式住宅楼立面图表现（一）　刘帅作品

图 2-3-8　单元式住宅楼立面图表现（二）　刘帅作品

图 2-3-9 单元式住宅楼立面图表现（三） 刘帅作品

第四节 透视图表达

一、一点透视图

一点透视图有着很强的空间深入感，常用于街景当中，两边是建筑，中间道路，显示出很强的空间感，其灭点就是视觉中心。一点透视建筑线稿图主要反映建筑的正立面（图 2-4-1 至图 2-4-3 所示），但是反映的信息量较为单薄。

一点透视图的绘图步骤：

（1）构图。首先在纸上定出视平线的高低位置；图中水平虚线为视平线，本幅图的视平线在 A3 纸张的横向 1/2 和偏下 1/3 之间；其次，在视平线上确定消失点的位置；确定视平线和消失点位置后，画出建筑的基本几何体块的比例关系和透视关系，此步骤关键在于控制画面的构图和形体的透视。

（2）深化前一步骤，连接主要的建筑结构和消失点，确定建筑空间的围合立面。将建筑空间中的不同墙面、屋顶刻画出来，地面上的主要景观和其他配景也要整体地概括为几个体块的关系；这一步骤要时刻注意连接消失点。

图 2-4-1 一点透视建筑线稿表现（一） 刘帅作品

图 2-4-2　一点透视建筑线稿表现（二）　刘帅作品

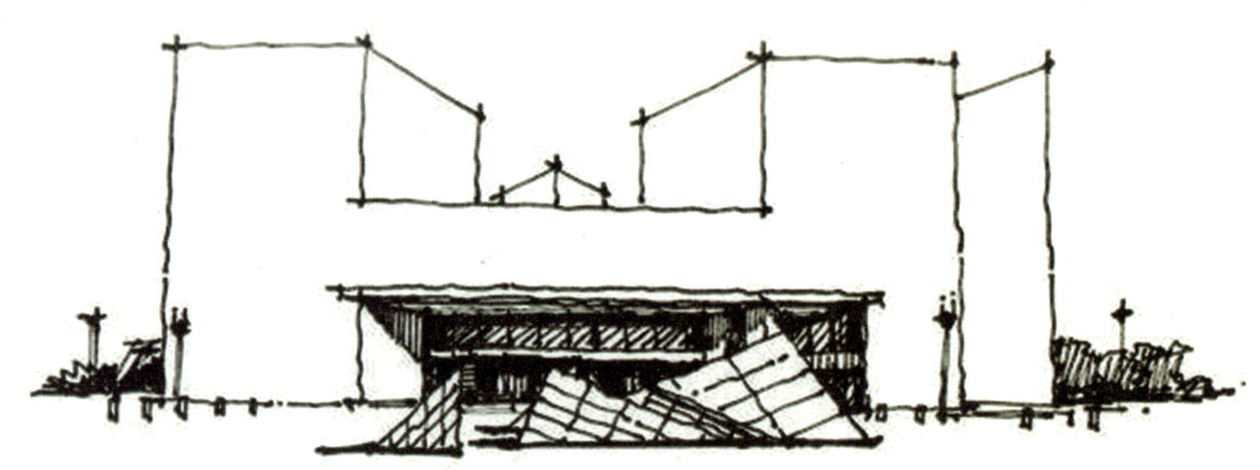

图 2-4-3　一点透视建筑线稿表现（三）　刘帅作品

（3）继续深入画面，去掉多余的辅助线，深入刻画建筑外墙面的材质和建筑配景，此步骤注意要表现建筑配景和建筑的协调统一关系。

（4）深入画面，建筑配景中的乔木、水体、灌木丛等，用线时要和建筑区分开，一般在表达配景时多为植物，注意植物叶子和灌木整体的形状表达；建筑画和建筑配景视为一个整体，光影的统一、线条的虚实、素描关系的处理都是表达的要点。

二、两点透视图

两点透视图符合平时视觉观感，能较好地反映出建筑的形体关系，易于表现细部及突出重点，体积感强。两点透视以平视图为主，一般视点高度宜为 1.5 ~ 1.8 米（图 2-4-4 所示）。

两点透视图的绘图步骤（图 2-4-5 至图 2-4-11 所示）：

（1）确定要画的透视图的大致范围。

（2）确定视平线的高度，一般选取人视图作为两点透视的视平线选取范围，在连接建筑的结构线可以确定画面上的消失点的位置。

（3）用概括的方法，把建筑看成多个几何体的组合，然后连接消失点；主体建筑和一些凸凹部分的透视都要认真刻画，根据建筑高低不同决定消失线的倾斜角度，离视平线越远，倾斜角度越大。此步骤要注意画面的取舍处理，要以建筑为主去刻画。

（4）最后观察一下体块在画面中的位置是否合适、均衡，否则就要调整视平线、真高线和灭点的位置。这一步要丰富画面效果，不仅把建筑光影关系处理好，还要注意周围环境对建筑的影响；一定要有黑白的对比和疏密的对比，主观处理这些关系很重要；画面的上下、左右均衡很关键，因为它决定了画面的稳定感和作画者的审美能力。这一步骤主要是画面的艺术处理和氛围的表达。

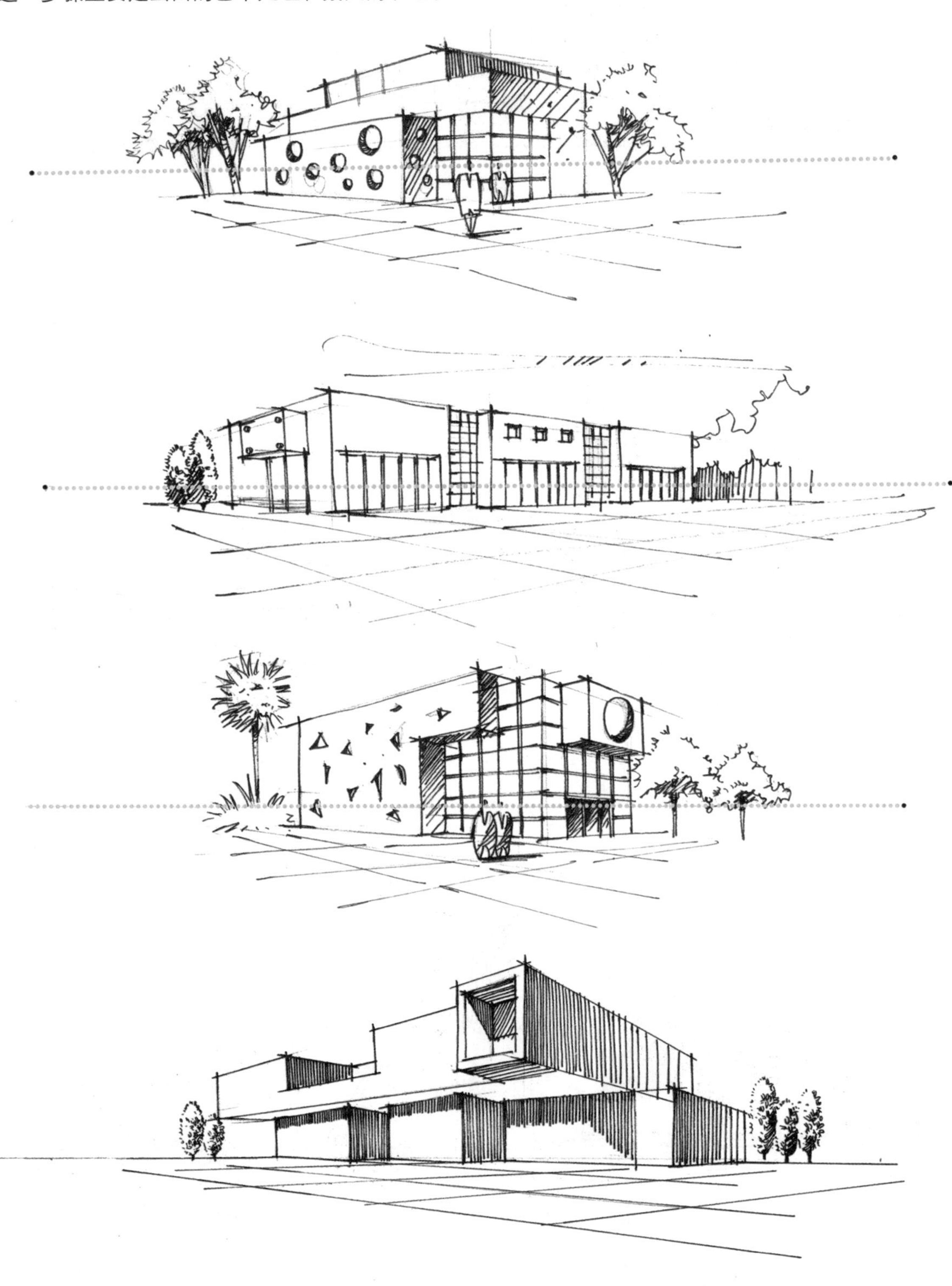

图 2-4-4　两点透视建筑线稿表现　刘帅作品

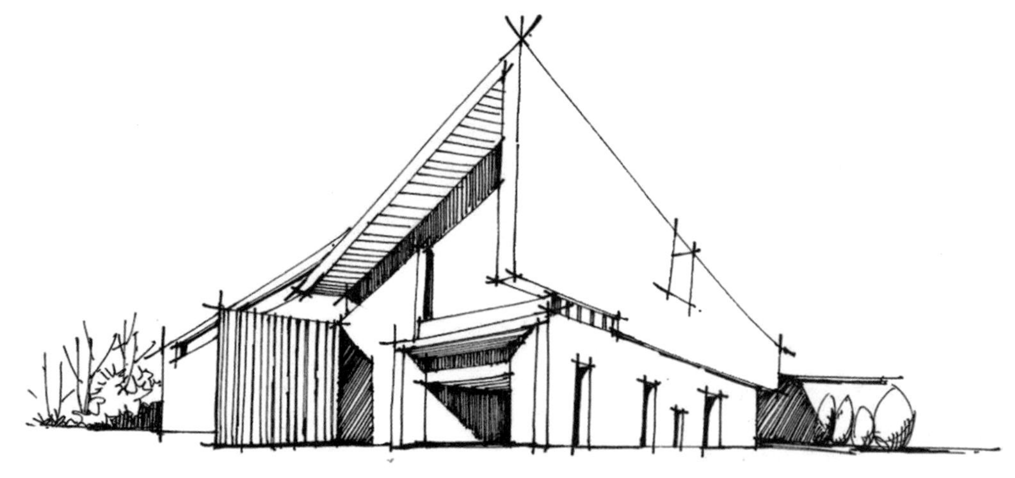

图 2-4-5　两点透视建筑线稿表现（一）　学生作品

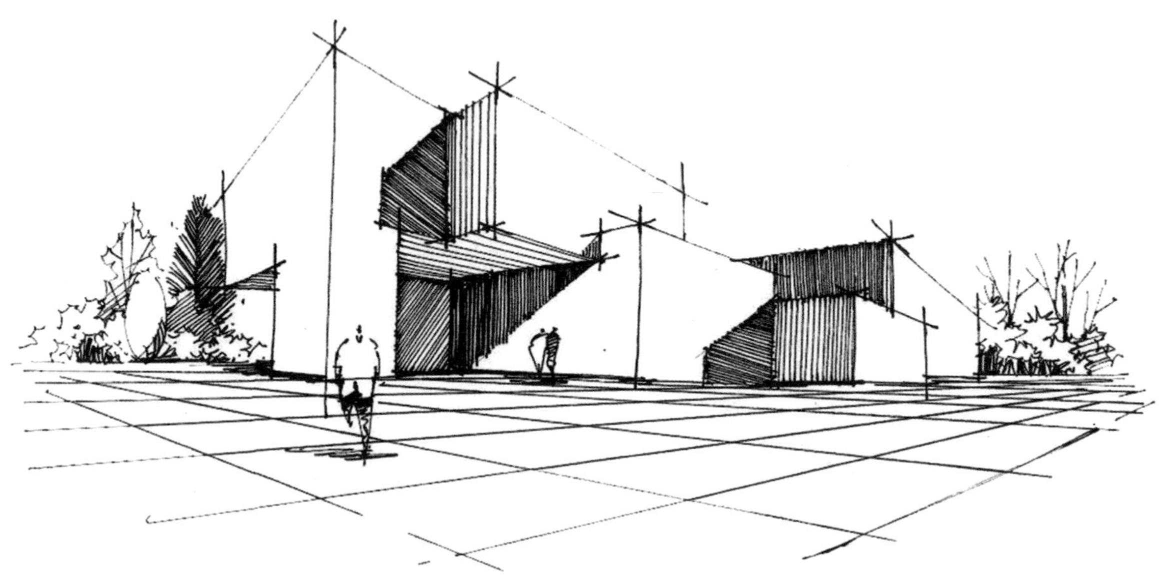

图 2-4-6　两点透视建筑线稿表现（二）　学生作品

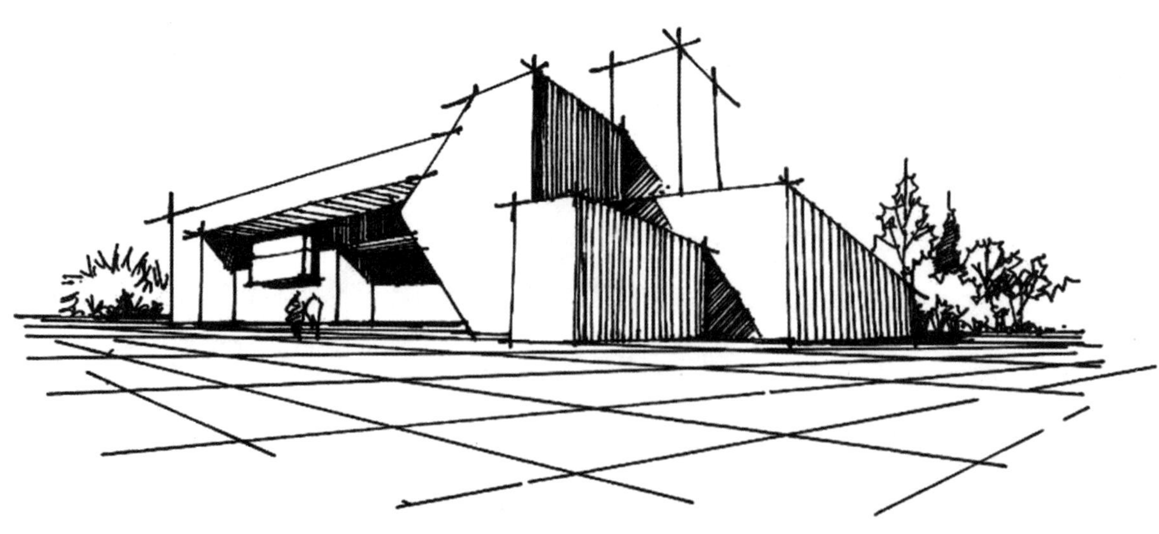

图 2-4-7　两点透视建筑线稿表现（三）　学生作品

图 2-4-8　商业建筑马克笔表现　刘帅作品

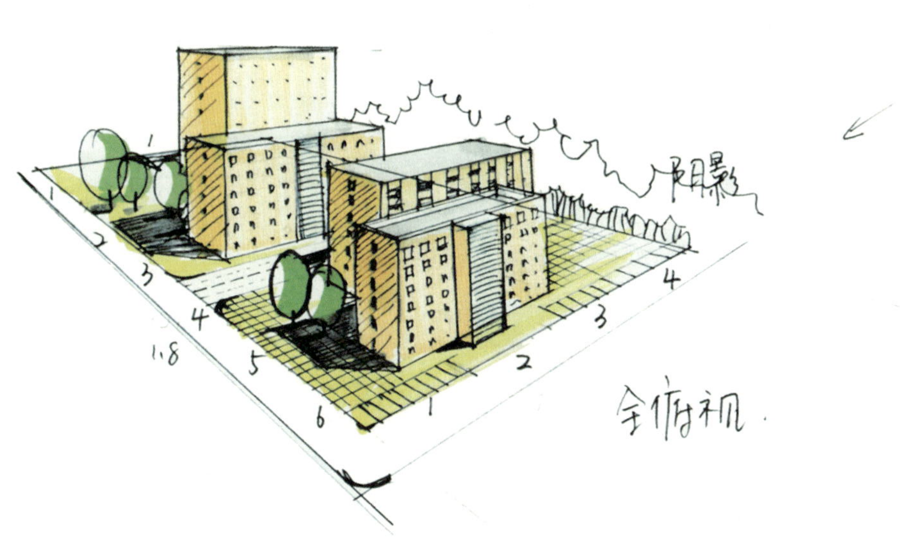

图 2-4-9　建筑鸟瞰图马克笔表现　刘帅作品

图 2-4-10　两点透视会所马克笔表现　刘帅作品

图 2-4-11　两点透视别墅马克笔表现　刘帅作品

第五节　建筑配景表达

一、花草树木

花草树木是效果图表现的重要配景之一，能起到活跃气氛、衬托主体、平衡画面的作用。表现时要对植物枝叶勾画生动，使其自然融入图中，做到与表现主体衔接自然、生动，近景刻画细致，远处的一带而过，以增加空间的深邃感。

1. 表现手法

（1）刻画较近的植物花卉时，应注意所表现的植物品种、造型、姿态，处理好植物叶片的前后遮挡关系。

（2）渲染色彩时，要注意层次、转折及色彩深浅和色相变化。

（3）树木的叶冠中有许多镂空，在表现时应根据构图原则，有意识地预留空隙，使形象生动、灵活。

（4）近处的花草应注意花叶的疏密变化、枝干的穿插和外轮廓的虚实错落关系。

（5）近景中最靠前的树木起到拉深空间感和平衡构图的作用，可以用剪纸形式故意镂空。

（6）远景的树木，不做强烈的敏感对比和形态塑造，可以用单线勾勒整个植物群的轮廓，简单、整体。

2. 中景树木的作画表现程序

（1）用熟褐色加白色画树木。

（2）用第二明度的灰绿色画树冠形状。

（3）用第三明度的暗一些的灰绿色描绘树冠体积。

（4）用第四明度的深灰绿色画出阴影部分。

二、平面植物

1．乔木的平面表现

乔木的平面是以树干位置为圆心、树冠平均半径为半径做出圆，再加以表现。乔木平面表示方法可分为以下三种类型：

（1）轮廓型。树木平面只用线条勾勒出轮廓，线条可粗可细，画出树干位置即可，如图 2-5-1 所示。

（2）分枝型。树木平面只用线条的组合表示树枝和枝干的分叉，如图 2-5-2 所示。

（3）枝叶型。在树木平面中既表现分枝，又表现冠叶，树冠可用轮廓来表示，可看作以上几种类型的组合。枝叶型又可分为针叶树和阔叶树。针叶树常以带有针刺状的树冠来表示，如图 2-5-3 所示；阔叶树中常绿树常以茂密的叶子来表现树冠，落叶树以枯枝来表现树冠，如图 2-5-4 所示。

平面树练习如图 2-5-5 所示。

平面树马克笔上色主要有单色表现和多色渐变表现。多色渐变一般为 2 ～ 3 种同色系渐变颜色，一般受光部分可留白或者给予较浅的颜色，背光面给予较深的颜色。平面树的颜色可根据树种类型选择合适的色彩。

平面树马克笔上色练习如图 2-5-6 所示。

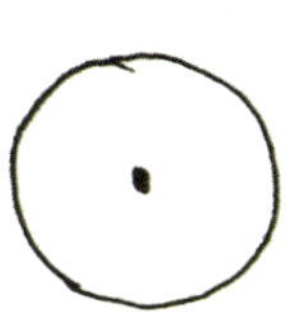
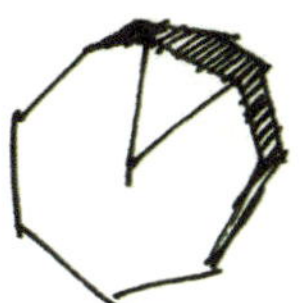

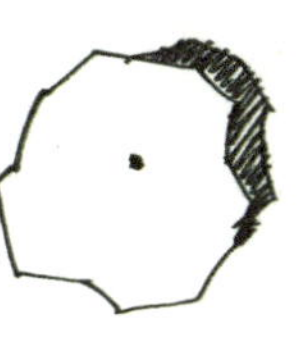

图 2-5-1　轮廓型平面画法　刘帅作品

图 2-5-2　分枝型平面画法　刘帅作品

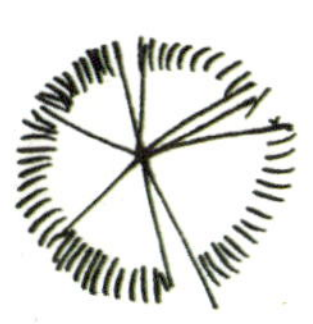

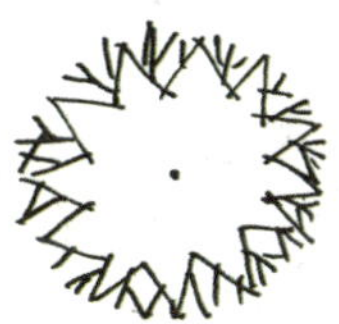

图 2-5-3　针叶树平面画法　刘帅作品

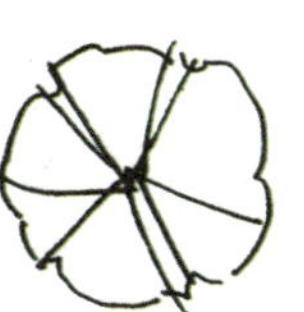

图 2-5-4　阔叶树平面画法　刘帅作品

图 2-5-5　平面树画法　刘帅作品

图 2-5-6　平面树马克笔上色画法　刘帅作品

2. 树丛的平面表现

树丛的平面表现如图 2-5-7 所示。

3. 低矮灌木丛平面表现

低矮灌木丛一般修剪整体统一，常作为绿篱成为城市环境景观要素中不可缺少的一部分，如图 2-5-8 所示。

4. 树群平面表现

多个同类树木组成的群落可用简化的手法表示，这样能增加画面的美感。一般来说，树木平面大小错落分散搭配，美观又有利于植物后期生长，如图 2-5-9 所示。

5. 树阵平面表现

树阵相对数列排列整齐，其表现方式如图 2-5-10 所示。

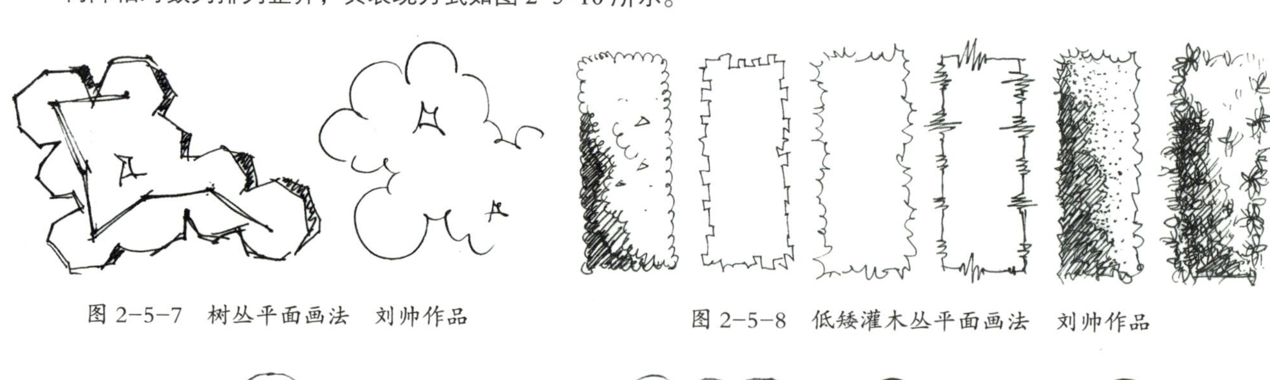

图 2-5-7　树丛平面画法　刘帅作品

图 2-5-8　低矮灌木丛平面画法　刘帅作品

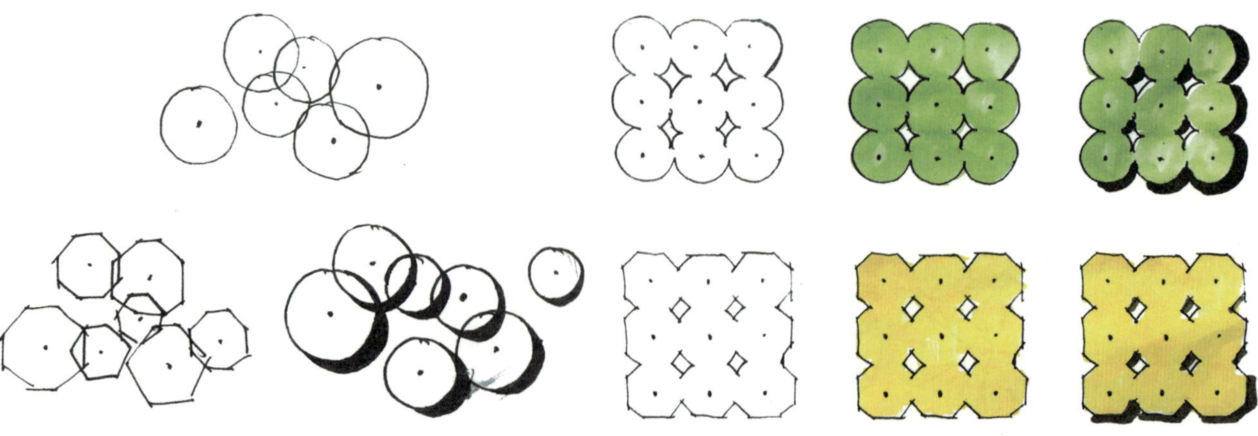

图 2-5-9　树群平面画法　刘帅作品

图 2-5-10　树阵平面画法　刘帅作品

三、立面植物

1．枝干结构

树的枝干组成类型：有些树的主干明显，树枝沿主干交替出杈；有些树的枝干逐渐分杈，越向上分杈越多；有些树干弯曲；有些树没有明显的主干，树枝呈放射状展开；有的树枝向上伸展；有的树枝下垂。画树时应仔细观察枝干的区别。画树枝不仅要有左右伸展的枝干，还要画出前后枝干的穿插，画出树枝内外前后的空间层次，只有这样树木才有立体感。

2．树形

由于枝干结构不同，每种树木都形成了自己特有的树冠形状。可以将树冠外形概括为圆锥形、球形、半球形、卵形、尖塔形、伞形、人工修剪造型等几何形体。有时一个大球体内还可以概括成几个小球体，一个圆锥体内也可以概括为几个三角形，如图 2-5-11 所示。

3．树叶形状表达

树叶的形状很多，可用不同的手法进行表达。采用线段排列表现针叶树；用自然曲线，“M”线、“W”线、锯齿线成片成块的面表现阔叶树，如图 2-5-12 所示；也可用点状线、小圈、椭圆、三角形等图形概括树叶。

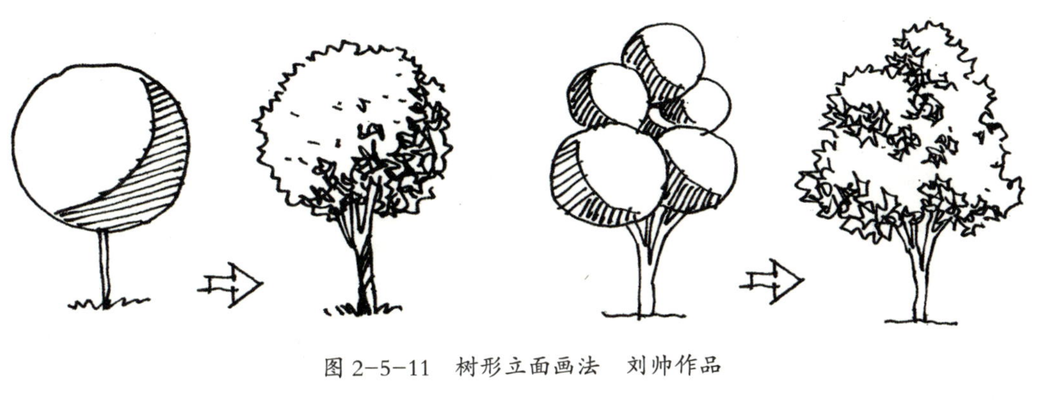

图 2-5-11　树形立面画法　刘帅作品

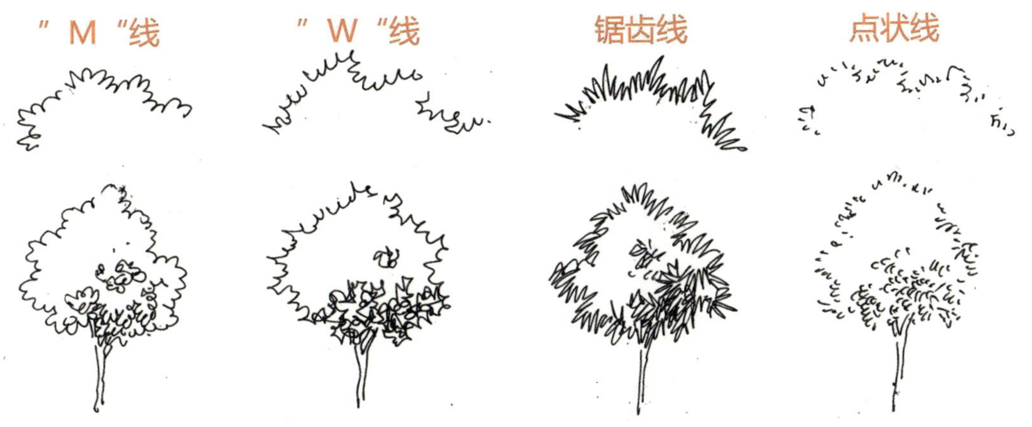

图 2-5-12　树形立面画法　学生作品

四、交通工具

交通工具是现代社会中不可缺少的内容，可以活跃画面的气氛并对建筑物的比例起到衬托作用。因此，要学会绘制不同角度的交通工具。

绘制交通工具时应首先对其做高度概括，画出简单轮廓，注意每个部件的比例和大小；其次，对车的阴影进行简单的描绘；最后，根据汽车类型上色，完成交通工具的表现（图 2-5-13、图 2-5-14 所示）。

作用：烘托气氛、活跃画面、暗示建筑功能。

表现要点：

（1）注意交通工具与环境、建筑物、人物的比例关系，增强真实感。

（2）画车时，以车轮直径的比例来确定车身的长度及整体比例关系，根据画面要求设计车身色彩，车身有反光能力，应用笔触处理出简单变化，以表现对周围景色的反射效果。

（3）车的窗框、车灯、车门缝、把手以及倒影都要有所交代。

图 2-5-13　汽车线稿

图 2-5-14　汽车马克笔表现　张炜作品

第六节　作品赏析

作品赏析包括教师作品（图 2-6-1 至图 2-6-44）和学生作品（图 2-6-45 至图 2-6-61）。其中，包括欧洲经典建筑作品、中国现代城市建筑作品，校园写生、庐山写生、原创设计作品等，其建筑类型包括公共建筑、民居、居住建筑等。

图 2-6-1　圣家族教堂手绘表现　刘帅作品

图 2-6-2　罗马斗兽场手绘表现　刘帅作品

图 2-6-3　别墅手绘表现（一）　刘帅作品

图 2-6-4　别墅手绘表现（二）　刘帅作品

图 2-6-5　现代城市手绘表现（一）　刘帅作品

图 2-6-6　现代城市手绘表现（二）　刘帅作品

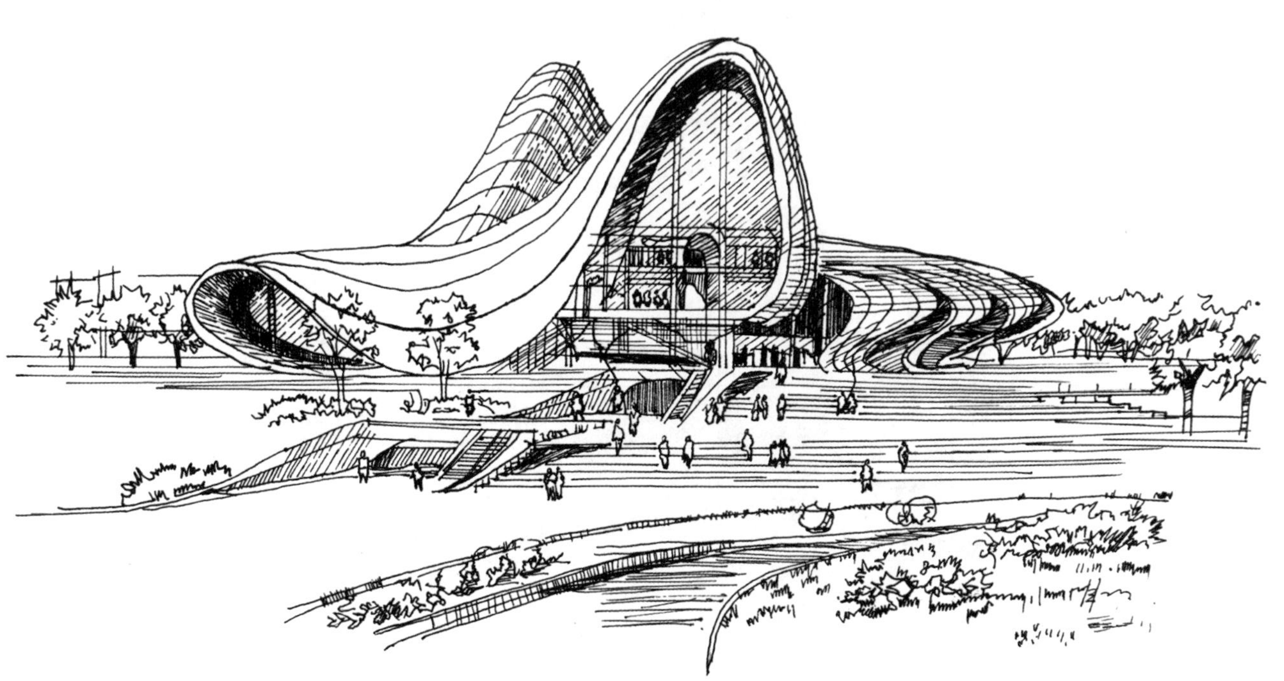

图 2-6-7　火车站手绘表现　刘帅作品

图 2-6-8　办公楼手绘表现　刘帅作品

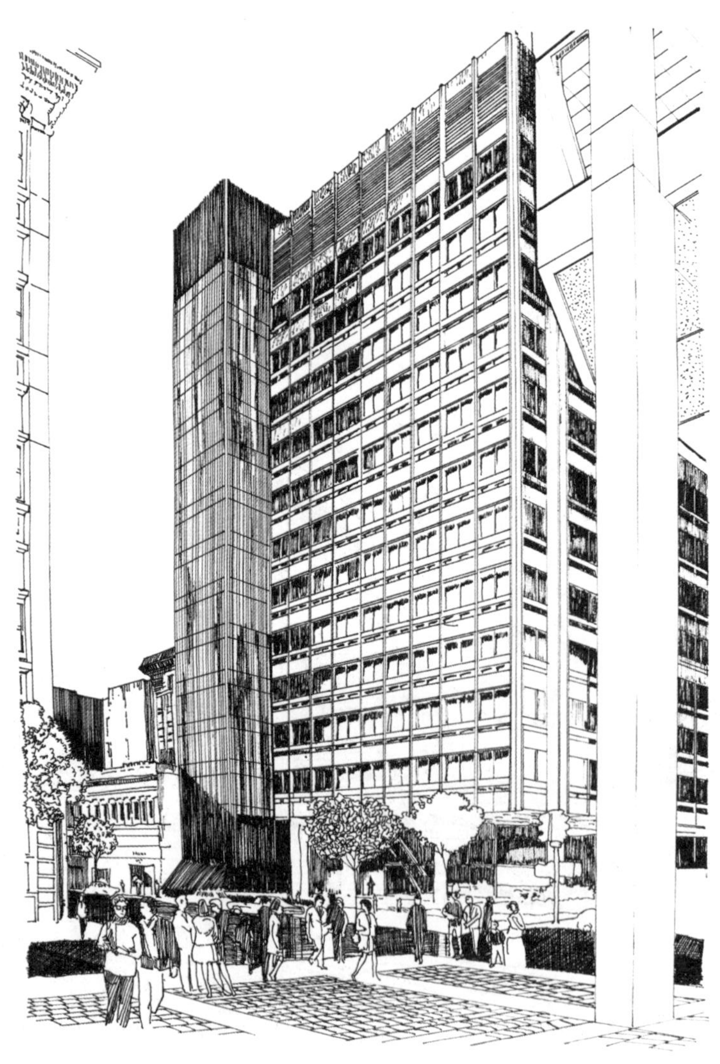

图 2-6-9　摩天办公楼手绘表现　张炜作品

图 2-6-10　庐山教堂写生　刘帅作品

图 2-6-11　教学楼写生　刘帅作品

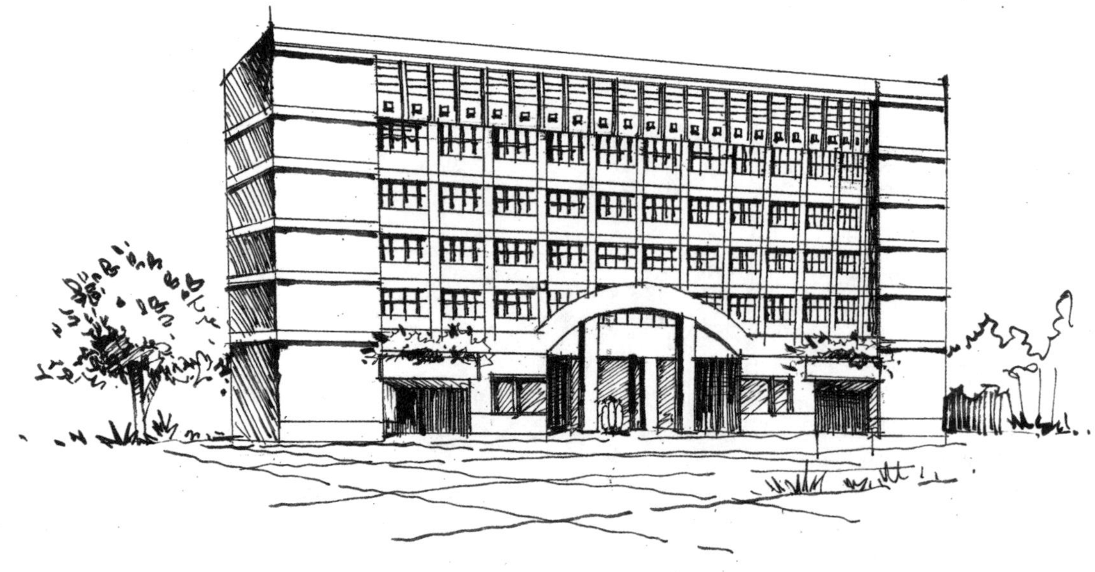

图 2-6-12　高校教学楼　刘帅作品

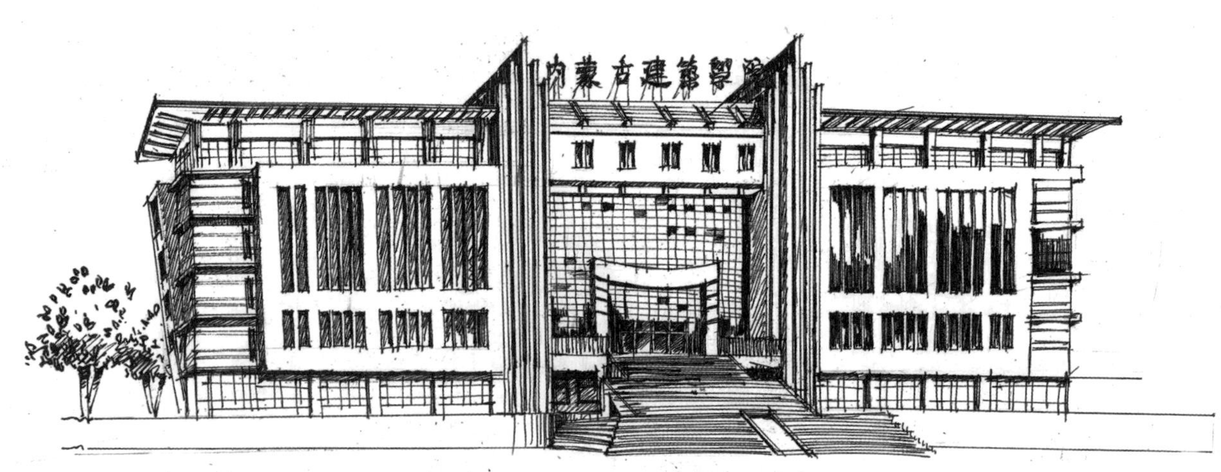

图 2-6-13　高校图书馆　张炜作品

图 2-6-14　高校入口　张炜作品

图 2-6-15　高校教学楼线稿图　刘帅作品

图 2-6-16　高校教学楼马克笔表现　刘帅作品

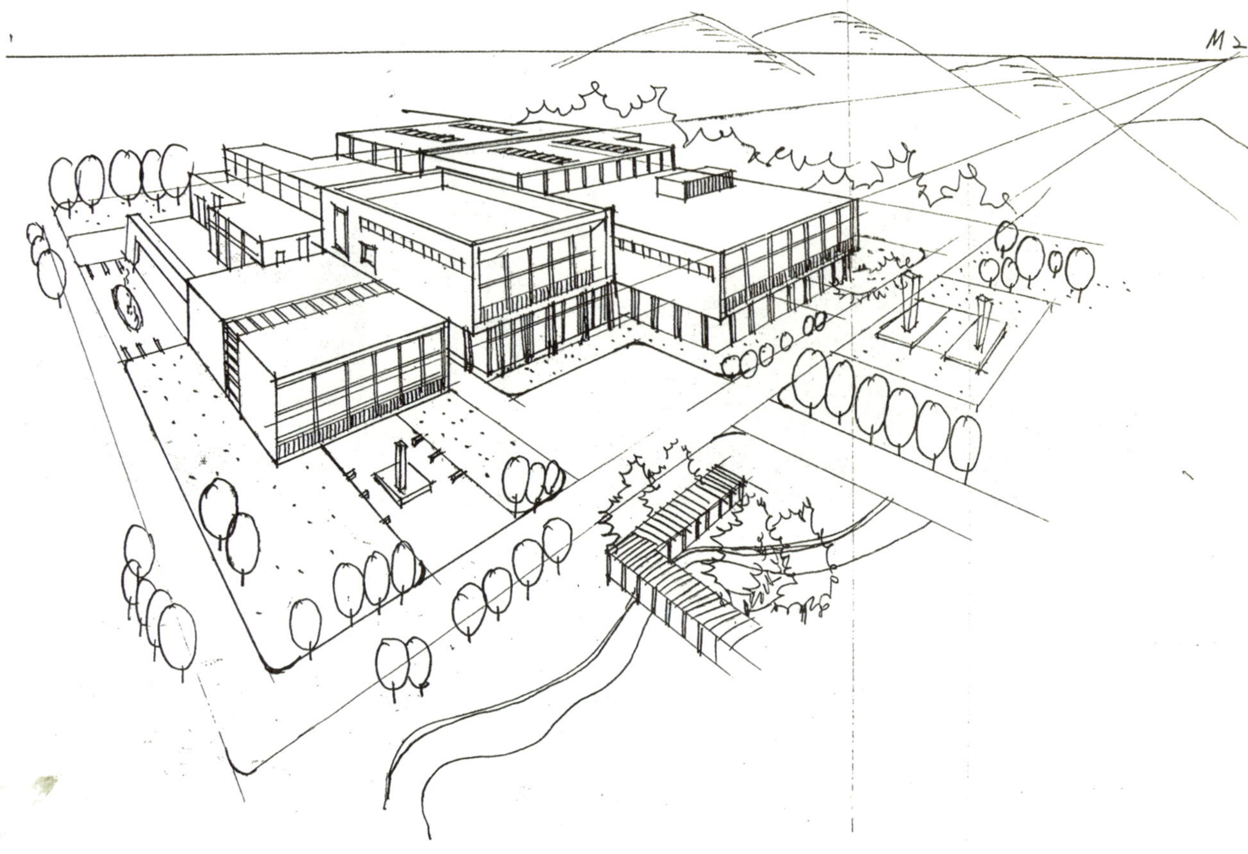

图 2-6-17　大学生创新创业中心线稿表现　刘帅作品

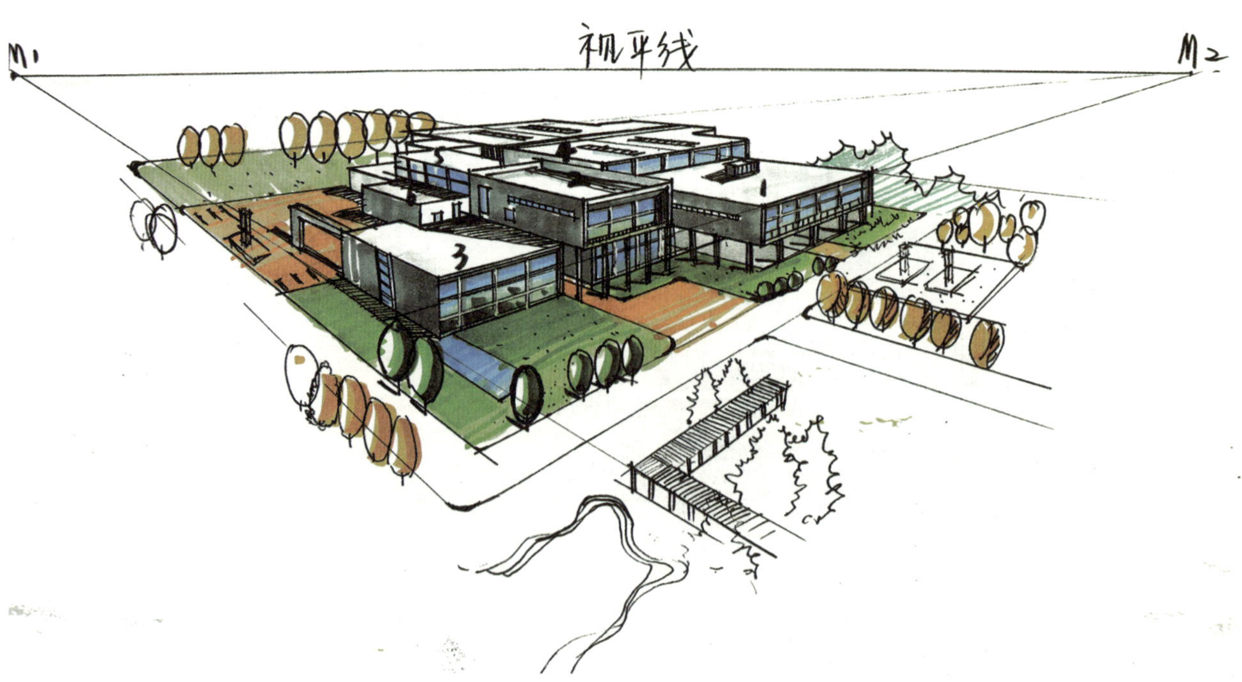

图 2-6-18　大学生创新创业中心马克笔表现　刘帅作品

图 2-6-19　别墅马克笔表现（一）　张炜作品

图 2-6-20　别墅马克笔表现（二）　张炜作品

图 2-6-21　别墅马克笔表现（三）　刘帅作品

图 2-6-22　别墅马克笔表现（四）　刘帅作品

图 2-6-23　青少年活动中心马克笔表现　刘帅作品

图 2-6-24　展览馆马克笔表现　刘帅作品

图 2-6-25　流水别墅马克笔表现　刘帅作品

图 2-6-26　湖边别墅马克笔表现　刘帅作品

图 2-6-27　别墅马克笔表现　刘帅作品

图 2-6-28　教学楼马克笔表现　刘帅作品

图 2-6-29　流水别墅马克笔表现　刘帅作品

图 2-6-30　度假村马克笔表现　刘帅作品

图 2-6-31　便民市场线稿图表现　刘帅作品

图 2-6-32　便民市场马克笔日景表现　刘帅作品

图 2-6-33　便民市场马克笔日景表现　刘帅作品

图 2-6-34　会展中心马克笔日景表现　刘帅作品

图 2-6-35　会展中心马克笔夜景表现　刘帅作品

图 2-6-36　风情街马克笔表现　刘帅作品

图 2-6-37　教学楼马克笔表现　刘帅作品

图 2-6-38　住宅马克笔表现（一）　刘帅作品

图 2-6-39　住宅马克笔表现（二）　刘帅作品

图 2-6-40　住宅马克笔表现（三）　刘帅作品

图 2-6-41　公共活动中心手绘表现（一）　张炜作品

图 2-6-42　公共活动中心手绘表现（二）　刘帅作品

图 2-6-43　佛罗伦萨城市景观马克笔表现（一）　刘帅作品

图 2-6-44　佛罗伦萨城市景观马克笔表现（二）　刘帅作品

图 2-6-45　现代城市摩天楼马克笔表现（一）　学生作品

图 2-6-46　现代城市摩天楼马克笔表现（二）　学生作品

图 2-6-47　公共建筑马克笔表现（一）　学生作品

图 2-6-48　公共建筑马克笔表现（二）　学生作品

图 2-6-49　泰国寺庙马克笔表现　学生作品

图 2-6-50　公共建筑马克笔表现（一）　学生作品

图 2-6-51　公共建筑马克笔表现（二）　学生作品

图 2-6-52　公共建筑马克笔表现（三）　学生作品

图 2-6-53　摩天楼马克笔表现　学生作品

图 2-6-54　公共建筑马克笔表现（一）　学生作品

图 2-6-55　公共建筑马克笔表现（二）　学生作品

图 2-6-56　公共建筑马克笔表现（三）　学生作品

图 2-6-57 流水别墅马克笔表现 学生作品

图 2-6-58 公共建筑彩铅表现 学生作品

图 2-6-59 别墅彩铅表现（一） 学生作品

图 2-6-60　别墅彩铅表现（二）　学生作品

图 2-6-61　别墅彩铅表现（三）　学生作品

BENZHANG XIAOJIE 本章小结

本章主要通过一些手绘单体和组合体块，来帮助学生了解一个复杂建筑的空间造型的生成步骤和生成方法。平面图是建筑设计的重心，平面功能设计的好坏直接决定设计的水准。设计者在设计前期会通过大量的草图去完善建筑平面功能，这就决定了平面的手绘表达非常重要。作为一名建筑设计师，要多推敲建筑平面图，不断完善建筑平面图，以求达到设计的作品符合使用要求。当然，这些都是通过大量前期的思考和不断的设计来完成的。

一点透视和二点透视图的表达与训练能够帮助学生建立空间思维，快速地表达建筑的基本空间造型。同时，可以帮助学生在写生和创作时很好地处理画面上的人、物体、背景之间的远近、大小、虚实的空间透视关系。配景可以调整建筑物的平衡，可以起到引导视线的作用，能把观察者的视线引向画面的重点部位。配景还有利于表现建筑物的性格和时代特点。利用配景可以表现出建筑物的环境气氛，从而加强建筑物的真实感；有助于表现出空间效果。利用配景本身的透视变化及配景的虚实、冷暖可以加强画面的层次和纵深感。

思考与实训

1. 临摹书中直线型基本建筑体块图和建筑体块组合图。
2. 临摹书中曲线型基本建筑体块图和建筑体块组合图。
3. 建筑平面图的重要性是什么？
4. 如何进行建筑平面图手绘训练？通过临摹绘制建筑平面图。
5. 建筑立面图的重要性是什么？
6. 练习同一个建筑物的一点透视和两点透视的不同画法。
7. 如何进行建筑立面图手绘训练？通过临摹绘制建筑立面图。

CHAPTER THREE

第三章

园林·景观手绘表达

资源拓展

■ **本章导读**

本章主要围绕园林景观构成的五大要素中的水景、建筑、园路和园林小品进行讲述，包括各类园林道路的铺装画法、园路透视图的表现、山石雕塑的画法、水景的表达、亭台廊架等园林建筑的画法、景墙和灯具的一般画法，以及花卉植物和小品组合的表现等内容。

本章通过园林景观中的入口广场、中心广场和综合性广场等景观，介绍了广场的布局形式、广场与道路的结合方式、广场与周边景观的结合方式以及广场内部的空间组织与划分。

园林景观快题设计的主要特点是时间紧、任务大、强度高。一般快题的组成包括：分析图、总平面图、立面或剖面图、局部或整体效果图、设计说明和经济技术指标等。园林景观快题设计是对所有园林景观知识和绘图技巧的综合性考查。

■ **学习目标**

了解园林景观构成要素的内容；

了解园林景观剖面图在表达园林景观方案时的重要作用；根据剖切位置，绘制需要的园林景观剖面图；

了解园林景观整体鸟瞰图的绘制步骤和方法；

了解常见的园林景观快题类型，例如住宅绿地、校园绿地、公园绿地、广场设计、滨水景观和工业绿地景观等快题类型；

熟悉广场的空间组织形式，掌握出入口和中心广场的绘制方法；

掌握园林景观中园路铺装、水体景观、园林建筑、园林小品等景观要素的绘制方法和效果表现；

掌握园林景观一点透视、两点透视效果图的表现，能根据园林平面图绘制出一点透视图和两点透视图；

掌握园林景观植物平面图例的绘制方法和常见园林植物立面的绘制方法，能把乔灌花草等园林植物绘制成组合有序小型植物群落景观。

第一节　景观小品表达

一、园路

园路是园林中的道路工程。园路是园林的组成部分，起着划分空间、引导游览、联系交通并提供休闲散步场所的作用。它像脉络一样，将园林的各个功能分区和景观节点联系起来。蜿蜒起伏的曲线，丰富的文化寓意，精美的设计图案，都是园林美景中的重要部分。

园路一般可分为以下几种：

（1）主路。主路是联系园内各个景区、主要风景点和活动设施的路。

（2）支路。支路是设在各个景区内的路，它联系各个景点，对主路起辅助作用。考虑到游人的不同需要，在园路布局中，还应为游人由一个景区到另一个景区开辟捷径。

（3）小路。小路又叫游步道，是深入山间、水际、林中、花丛供人们漫步游赏的路。

中国园林多以山水为中心，园林也多采用自然式布局，园路讲究含蓄。但在庭园、寺庙园林或在纪念性园林中，多采用规则式布局。

园路的布置应考虑以下问题：

（1）回环性。园林中的路多为四通八达的环行路，游人从任何一点出发都能遍游全园，不走回头路。

（2）疏密适度。园路的疏密度同园林的规模、性质有关，在公园内道路大体占总面积的 10% ~ 12%，在动物园、植物园或小游园内，道路网的密度可以稍大，但不宜超过 25%。

（3）因景筑路。园路与景相通，所以在园林中是因景得路。

（4）曲折性。园路随地形和景物而曲折起伏，若隐若现，“路因景曲，景因曲深”，造成“山重水复疑无路，柳暗花明又一村”的情趣，以丰富景观，延长游览路线，增加层次景深，活跃空间气氛。

（5）多样性。园林中路的形式是多种多样的。在人流集聚的地方或在庭院内，路可以转化为场地；在林间或草坪中，路可以转化为步石或休息岛；遇到建筑，路可以转化为“廊”；遇到山地，路可以转化为盘山道、磴道、石级、岩洞；遇到水，路可以转化为桥、堤、汀步等。路又以它丰富的体态和情趣来装点园林，使园林又因路而引人入胜。

园林道路的平面手绘画法重点在于道路的线性、路宽、形式及路面铺装的样式。

中国园林在园路面层设计上形成了特有的风格：①寓意性。中国园林强调“寓情于景”，在面层设计时，有意识地根据不同主题的环境，采用不同的纹样、材料来加强意境。北京故宫的雕砖卵石嵌花甬路，是用精雕的砖、细磨的瓦和经过严格挑选的各色卵石拼成的。路面上铺有以寓言故事、民间剪纸、文房四宝、吉祥用语、花鸟虫鱼等为题材的图案，以及《古城会》《战长沙》《三顾茅庐》《凤仪亭》等戏剧场面的图案。②装饰性。园路是园景的一部分，应根据园景的需要做出设计，路面或朴素、粗犷，或舒展、自然、古拙、端庄，或明快、活泼、生动。园路以不同的纹样、质感、尺度、色彩，以不同的风格和时代要求来装饰园林。如杭州三潭印月的一段路面，以棕色卵石为底色，以橘黄、黑两色卵石镶边，中间用彩色卵石组成花纹，显得色调古朴、光线柔和。成都人民公园的一条林间小路，在一片苍翠中采用红砖拼花铺路，丰富了林间的色彩。中国自古以来对园路面层的铺装就很讲究，《园冶》中说：“惟厅堂广厦中铺一概磨砖，如路径盘蹊，长砌多般乱石，中庭或宜叠胜，近砌亦可回文。八角嵌方，选鹅子铺成蜀锦。”“鹅子石，宜铺于不常走处。”“乱青版石，斗冰裂纹，宜于山堂、水坡、台端、亭际。”又说：“花环窄路偏宜石，堂回空庭须用砖。”

1．各类园路平面铺装

铺装手绘表现名称如图 3-1-1 所示。

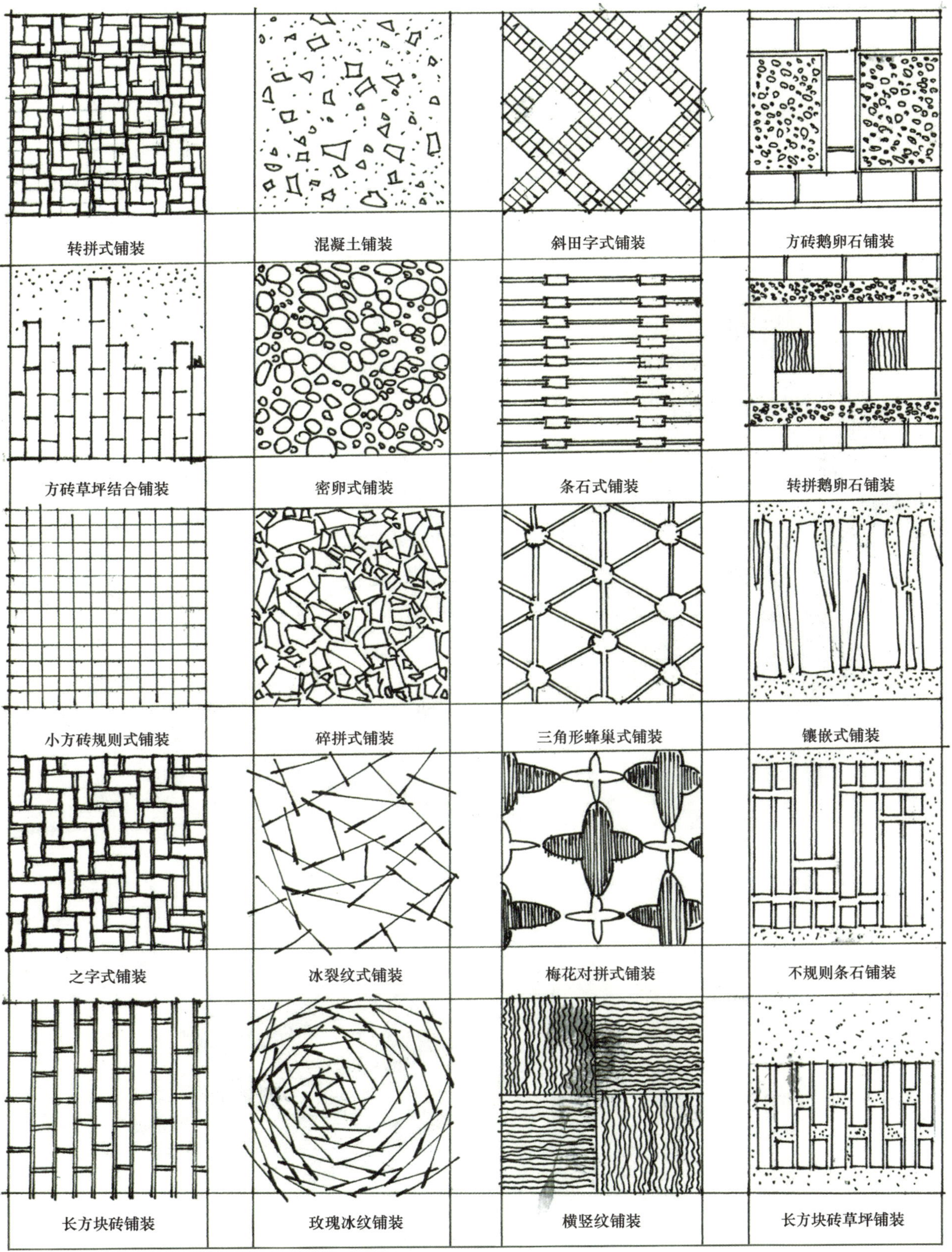

图 3-1-1　园路平面铺装　张炜作品

2. 园路平面铺装组合

在设计阶段，园路设计的主要任务是与地形、山体、水体、建筑物和植物有机统一起来，构成完整的设计方案图。由于园路的铺装形式和施工做法，在设计时也常与广场结合起来绘制。图 3-1-2 表示的是园路、广场和植物结合的景观节点，在绘制时，首先确定广场的轮廓、道路的走向和中心线，根据设计意图确定路宽，确定转角处的转弯半径或跟广场的铺装结合方式。铅笔起稿，墨线笔勾线，擦掉铅笔印记后，马克笔上色。要注意整体画面同时上色，逐步覆盖加深，切不可画完一处再画另一处，否则容易失去整体感。绘制铺装的颜色时，要注意铺装材料的选择和细部的勾勒。

3. 各类园路透视图表现

园路透视图的画法一般用于园林景观局部效果图中，因为园林局部效果图是以人的视角观察的效果，所以园路的透视图基本是一点透视或两点透视效果图。在绘制园路透视图时，要注意选取正确的灭点位置，根据路宽的尺度由近到远，路宽线逐渐交于灭点方向，如图 3-1-3 所示。无论是用片石、卵石等不规则形状的材料，还是混凝土砖、花岗石等规则式材料铺装，都要注意近大远小的透视效果、近实远虚的绘图效果，如图 3-1-4 所示。

图 3-1-2　园路平面铺装组合　张炜作品

图 3-1-3　园路透视图线稿　张炜作品

图 3-1-4　园路平面及组合马克笔表现　张炜作品

4. 钢笔石板路绘制步骤

钢笔石板路绘制一般以一点透视为主，绘制时要以近大远小、近实远虚为主。每一块石板路尽量选择不规则的形状绘制，因为石板本身属于自然形成，其形状大小没有完全一样的，如图 3-1-5 所示。

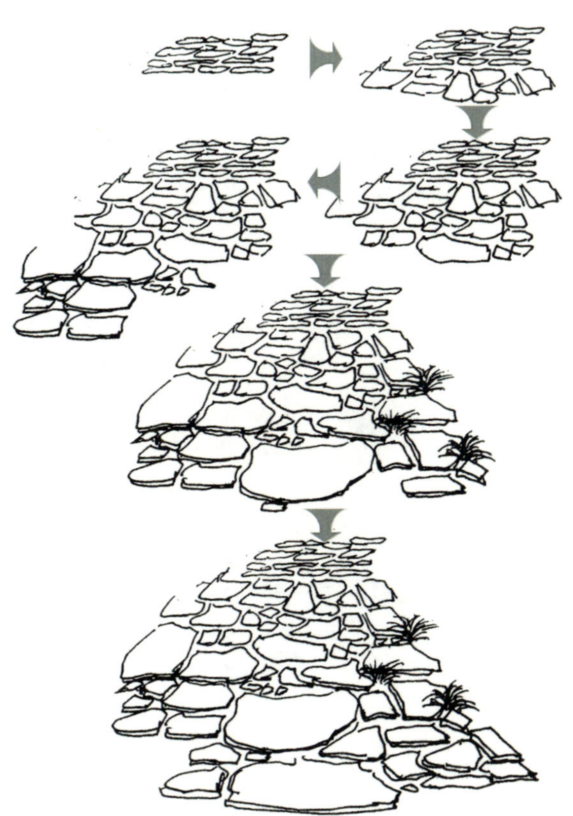

图 3-1-5 石板路绘制步骤线稿 张炜作品

二、水景

水景经常出现在园林景观当中，是组成园林景观环境要素中不可缺少的一部分。生活中常见到跌水。跌水属于水景的一部分，是指规则形态的落水景观，多与建筑、景墙、挡土墙等结合。跌水具有形式之美和工艺之美。跌水可分为规则式跌水和自然式跌水。

（1）规则式跌水，就是台阶边缘为直线或曲线且相互平行，高度错落有致使跌水规则有序。喷泉与跌水相结合的水景表现如图 3-1-6 所示。

（2）自然式跌水，就是跌水生动自然不规则，如泉水从山体自上而下三叠而落，连成一体。一般先画出外轮廓，植物在石块和跌水之间相互穿插；加深暗部刻画，增加细节；马克笔上色，注意受光部分留白处理（图 3-1-7）。

图 3-1-6 喷泉与跌水结合表现线稿 张炜作品

图 3-1-7　自然式跌水景观马克笔表现　张炜作品

三、景墙

景墙是园林建筑中常见的小品，在园林中常用于障景、隔景、漏景及烘托文化氛围。园林景墙主要有围墙、隔断、景观墙三种类型。它们也是逐渐发展变化的，景墙最初的主要功能是起防护作用，然后逐渐成为分隔空间和组织空间的一个有效手段，如图 3-1-8、图 3-1-9 所示。

图 3-1-8　景墙线稿表现　刘帅作品

图 3-1-9　景墙马克笔表现　刘帅作品

四、灯具

景观灯是园林景观环境表现中非常重要的组成部分，一般可分为草地灯、庭院灯等，如图 3-1-10 所示。草地灯一般安放在草坪中，形状低矮，起到烘托环境的作用；庭院灯一般安放在园林道路两侧，位置较高，起到照明的作用。马克笔上色尽量以原有灯具材质色彩为主，可适当表现夜景，如图 3-1-11 所示。

图 3-1-10　景观灯线稿表现　张炜作品

图 3-1-11　景观灯马克笔表现　张炜作品

五、亭台廊架

亭台廊架以防腐木材、竹材、石材、金属、钢筋混凝土为主要原料并添加其他材料凝合而成。亭台廊架是供游人休息、景观点缀之用的建筑体，给广场、公园、小区增添浓厚人文气息，与自然生态环境搭配非常和谐。一般在手绘表现技法中，亭台廊架可作为视觉中心来表现，并可配水景以丰富景观层次（图 3-1-12、图 3-1-13）。

图 3-1-12　亭台廊架线稿表现　刘帅作品

图 3-1-13　亭台廊架马克笔表现　刘帅作品

六、花卉组合

花卉组合如图 3-1-14、图 3-1-15 所示。

图 3-1-14　花坛线稿表现（一）　张炜作品

图 3-1-15　花坛线稿表现（二）　张炜作品

七、山石

山石是园林构景的重要素材，石的种类很多，常用的有太湖石、黄石、青石、石笋、花岗石、木化石等。不同的石材质感、色泽、纹理、形态特性都不一样，因此，画法也各有特点。山石表现要根据结构纹理特点进行描绘，通过勾勒其轮廓黑、白、灰三个层面表现出来，这样石头就有了立体感。同时，不可将轮廓线勾画得太死，用笔需要注意顿挫曲折（图 3-1-16）。

图 3-1-16　山石线稿表现　张炜作品

八、雕塑

雕塑，是指为美化环境或用于纪念意义而雕刻塑造具有一定寓意、象征或象形的观赏物和纪念物。雕塑是造型艺术的一种。在园林景观中，常点缀雕塑，烘托气氛，突出环境主题特征，如图 3-1-17、图 3-1-18 所示。

图 3-1-17　雕塑线稿表现　张炜作品

图 3-1-18　雕塑景观马克笔表现　张炜作品

第二节　平面功能表达

广场一般是指城市中的广阔场地。园林中的广场是游人聚集、休闲、散步、娱乐及进行其他活动的重要空间。在广场中或其周围一般布置着重要景观节点或建筑物，往往能集中表现公园艺术特色和文化特点。广场可按功能分为入口式广场（图 3-2-1 至图 3-2-3）、集散广场、中心式广场（图 3-2-4 至图 3-2-7）、交通广场、纪念性广场和综合式广场（图 3-2-8 至图 3-2-17）等。

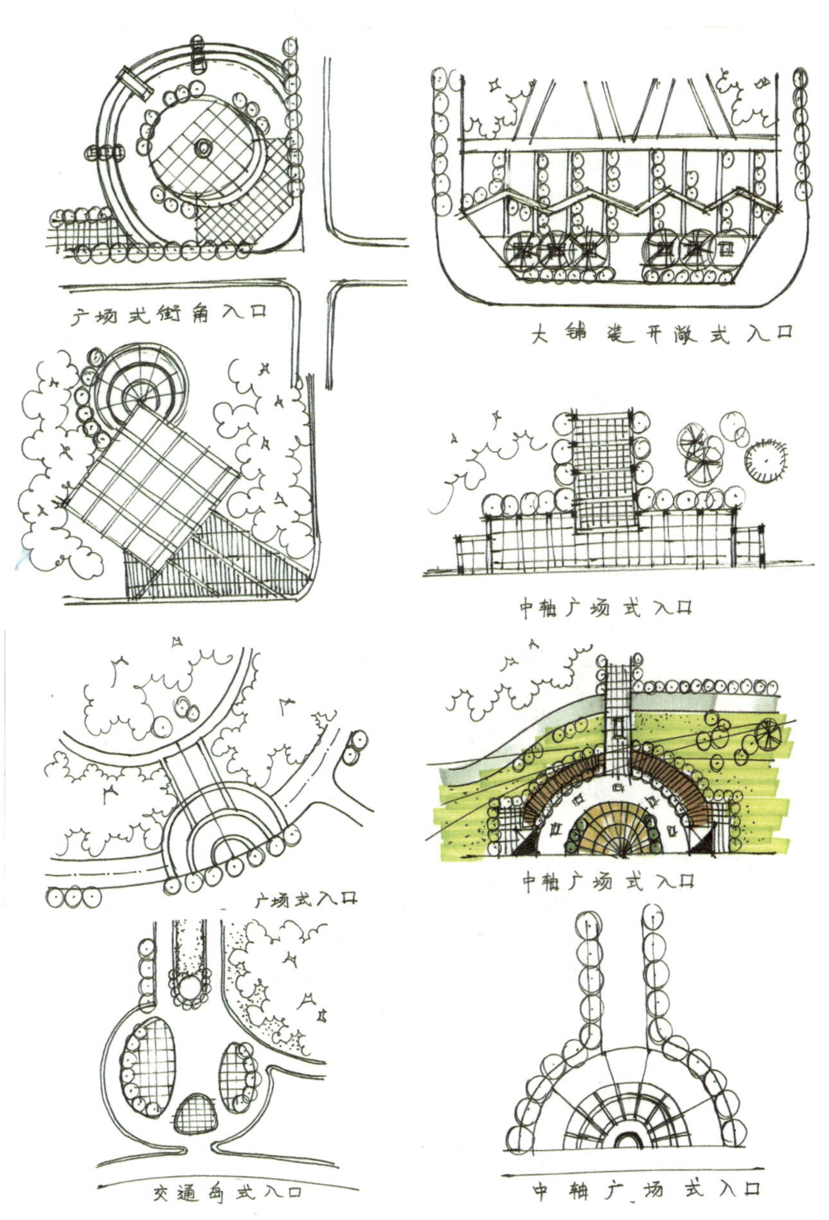

图 3-2-1　入口式广场平面线稿及马克笔综合表现（一）　刘帅作品

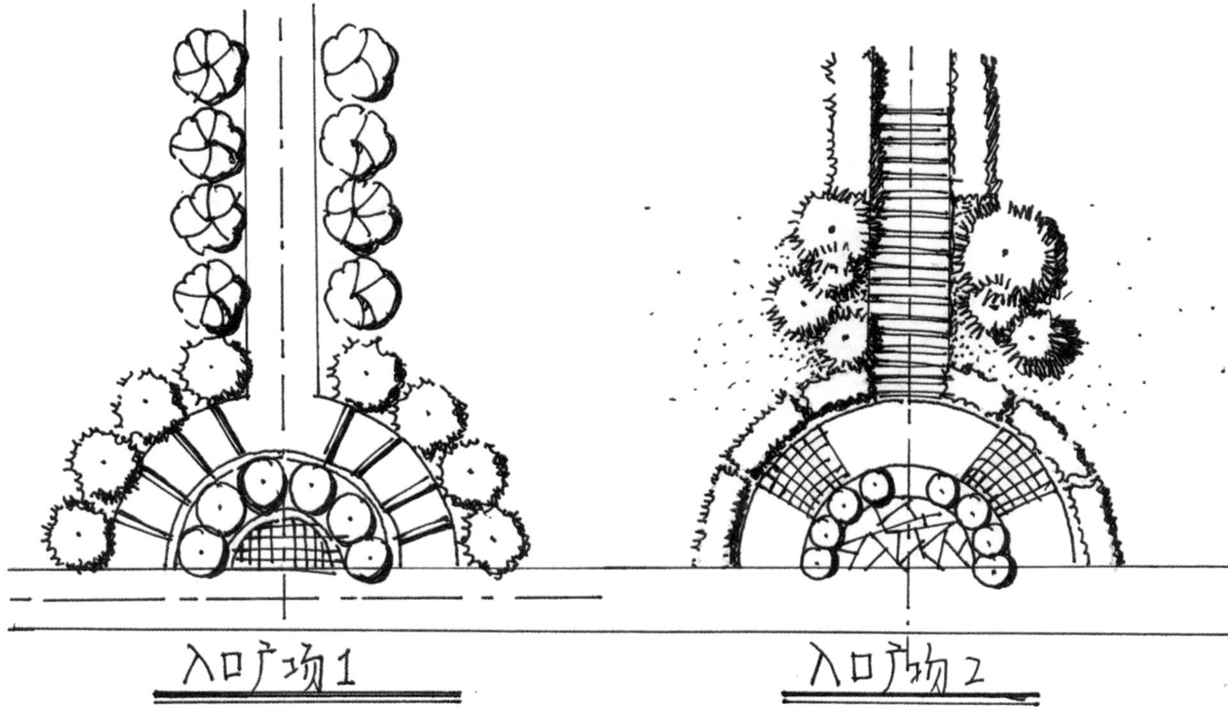

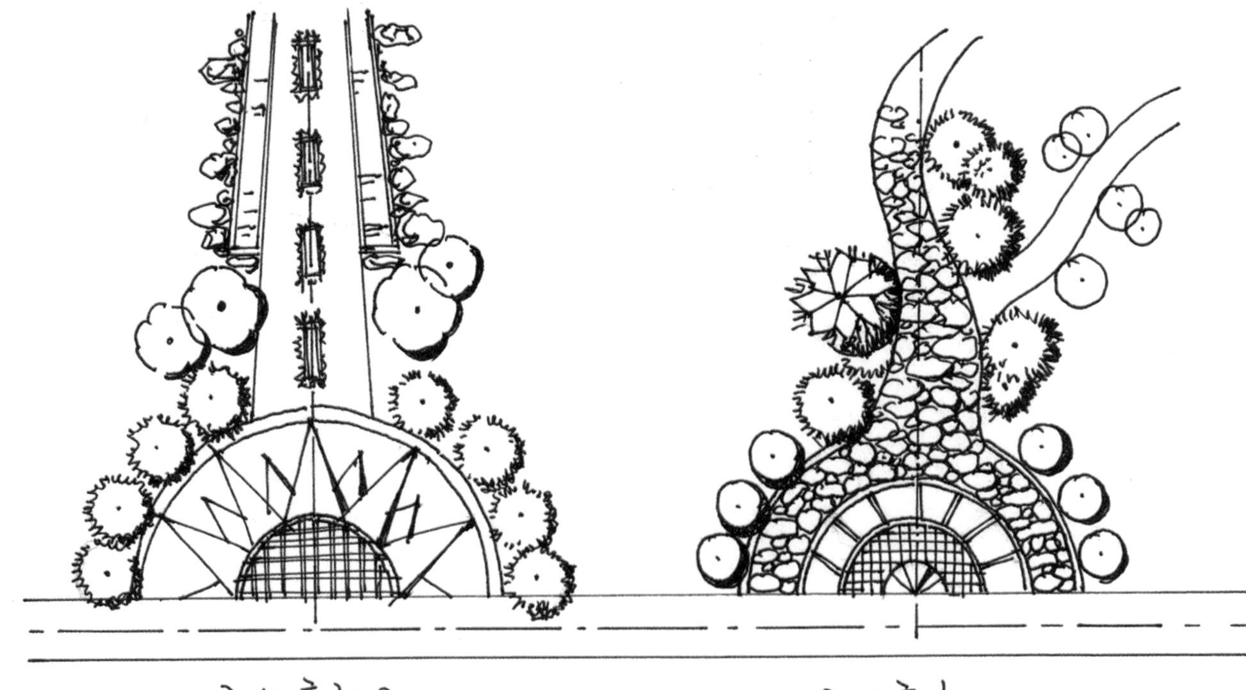

图 3-2-2 入口式广场平面线稿及马克笔综合表现（二） 刘帅作品

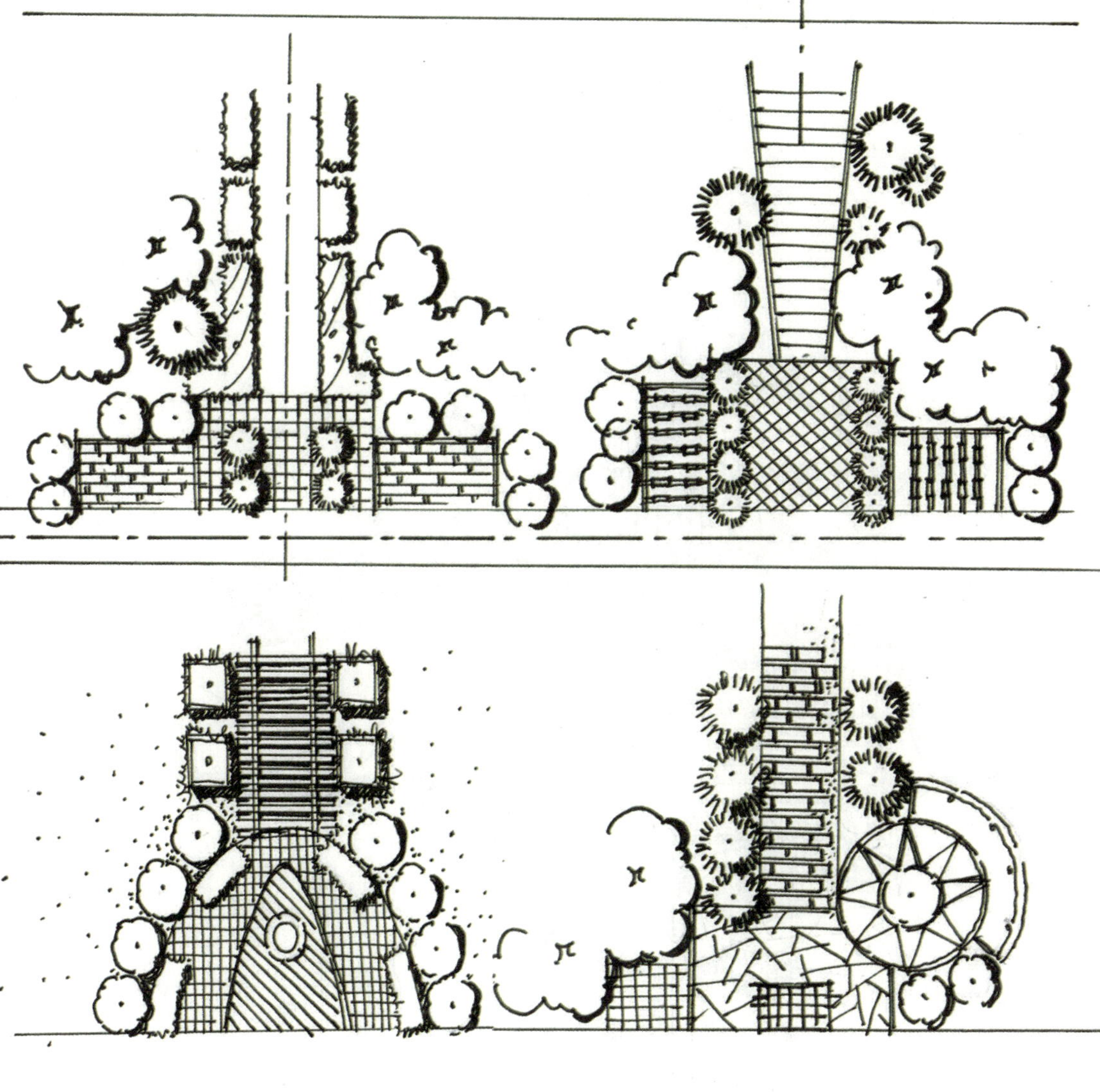

图 3-2-3　入口式广场平面线稿及马克笔综合表现（三）　刘帅作品

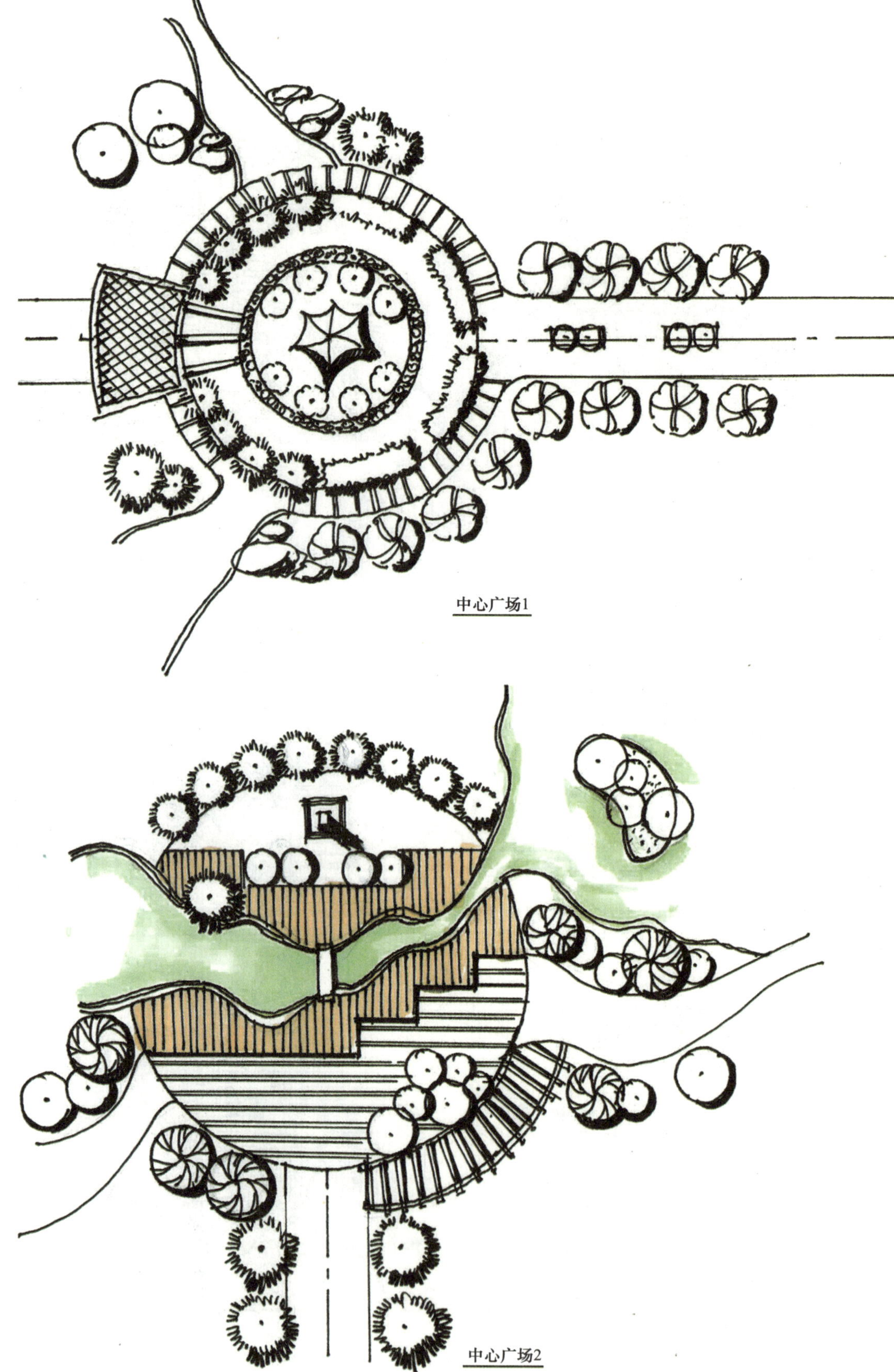

图 3-2-4　中心式广场平面线稿及马克笔综合表现　刘帅作品

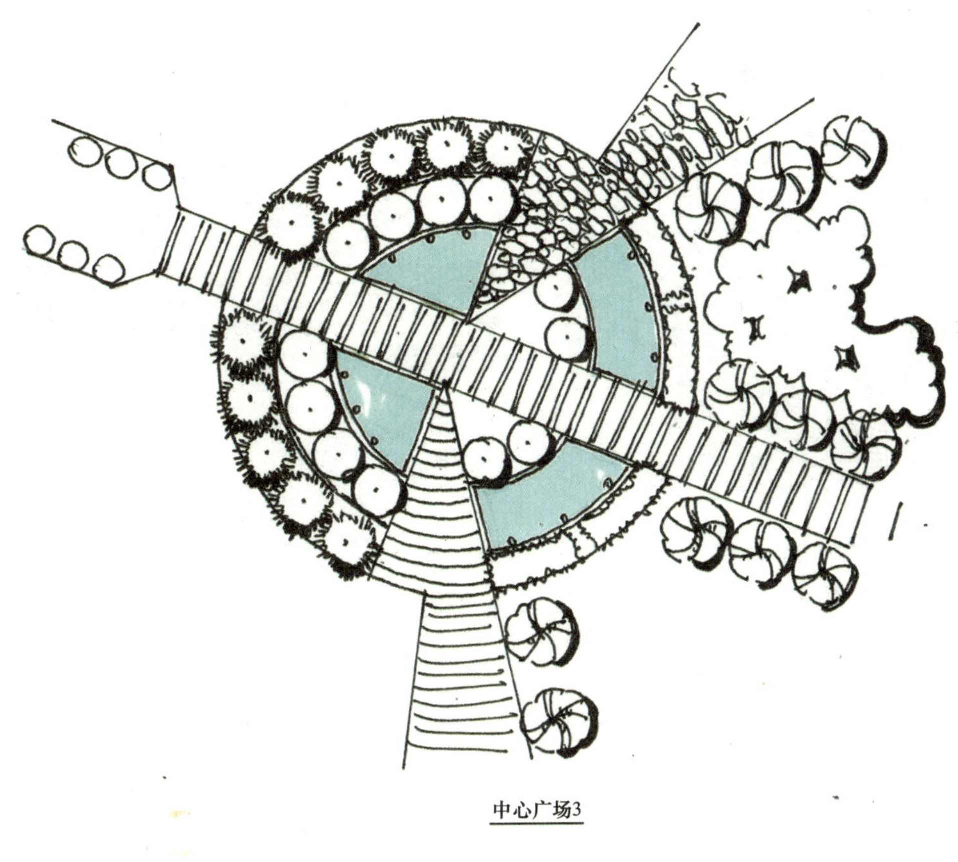

中心广场3

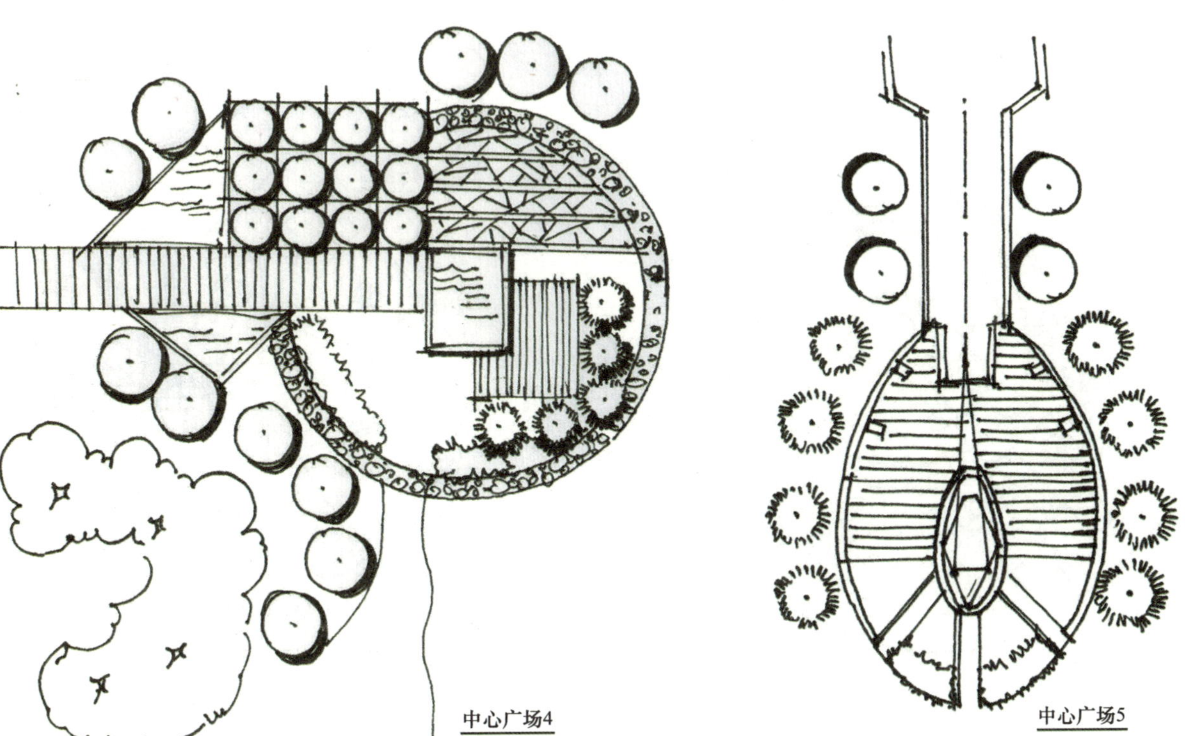

中心广场4

中心广场5

图 3-2-5 中心式广场平面线稿表现（一） 刘帅作品

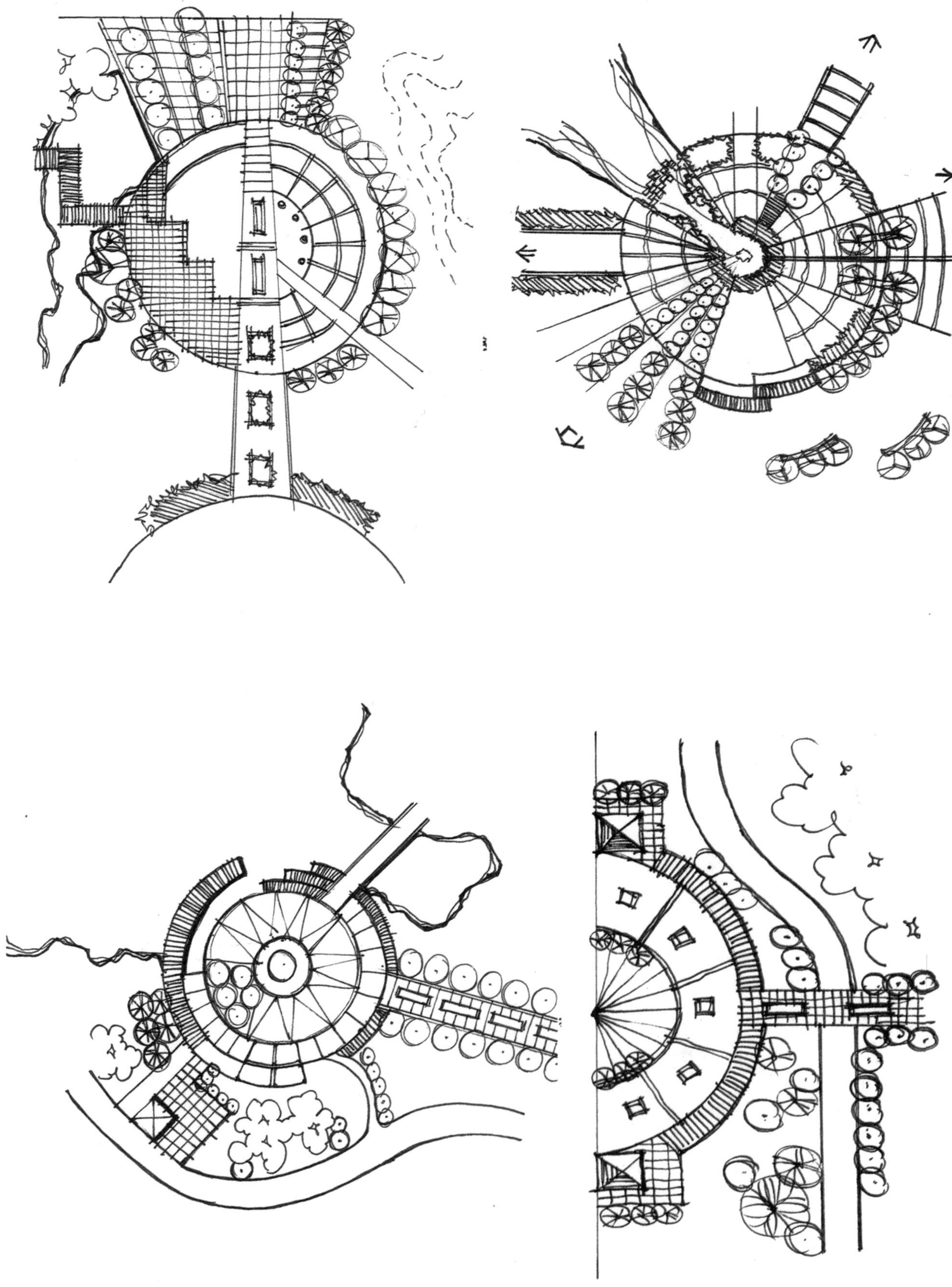

图 3-2-6　中心式广场平面线稿表现（二）　张炜作品

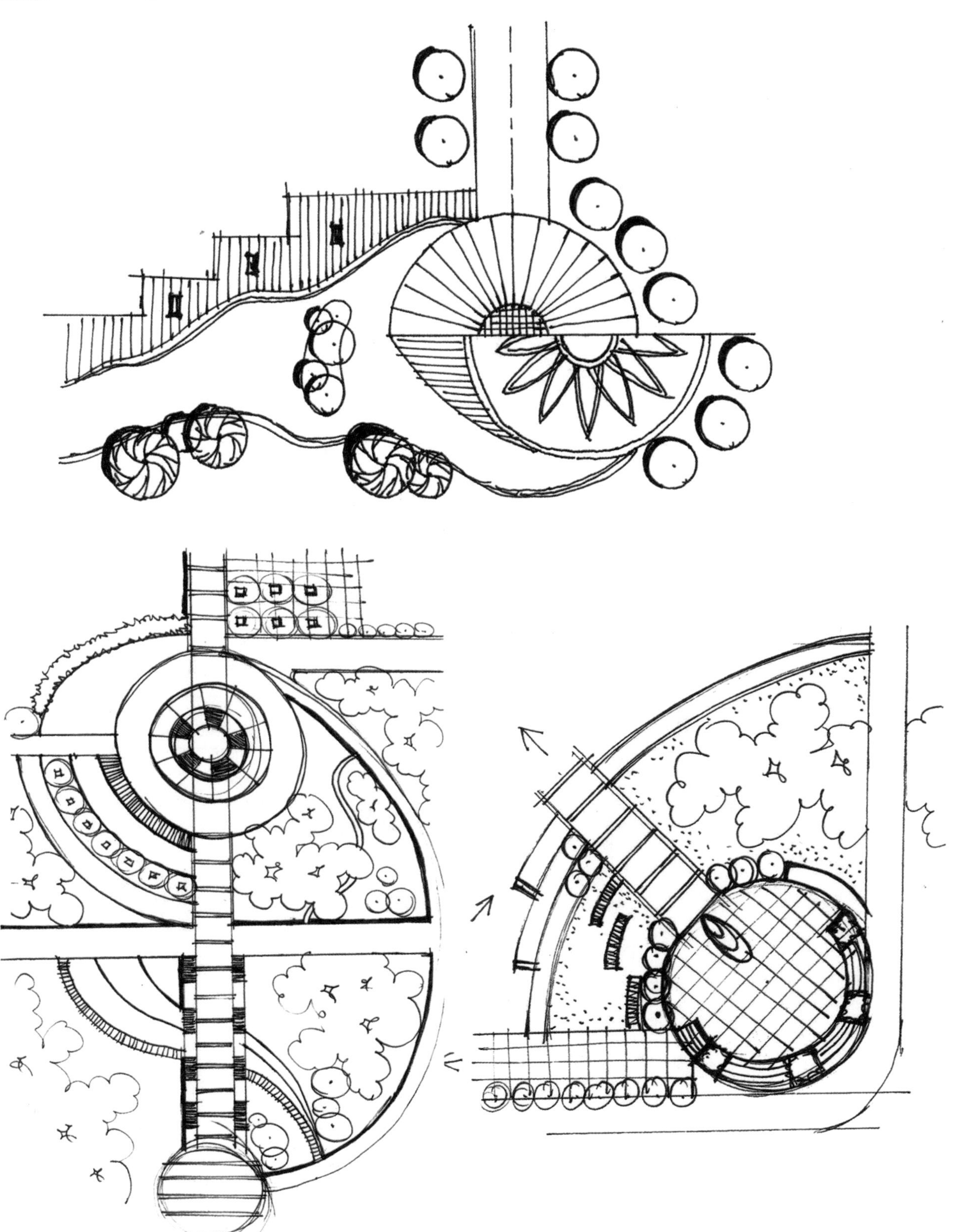

图 3-2-7　中心式广场平面线稿表现（三）　张炜作品

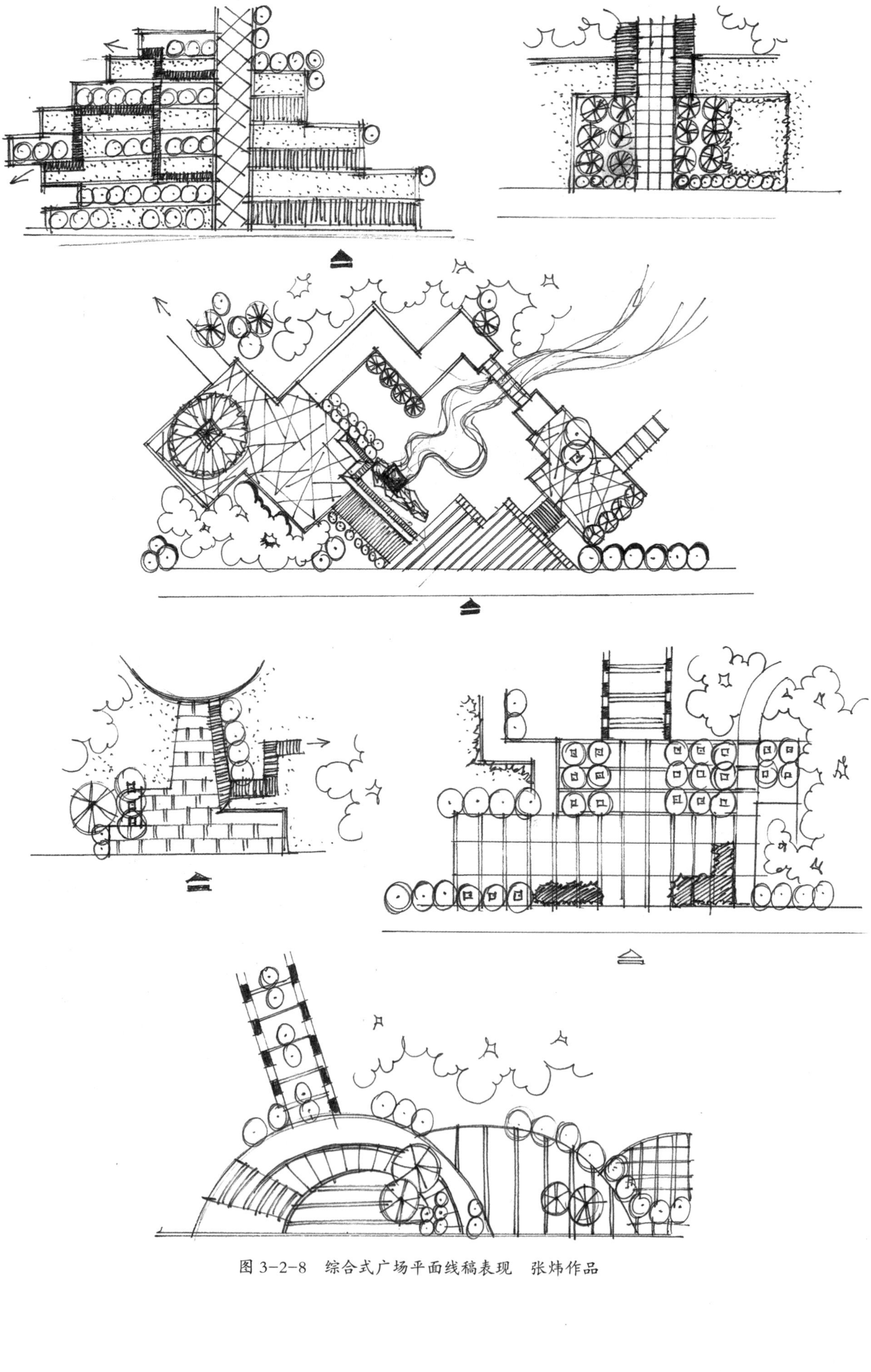

图 3-2-8 综合式广场平面线稿表现 张炜作品

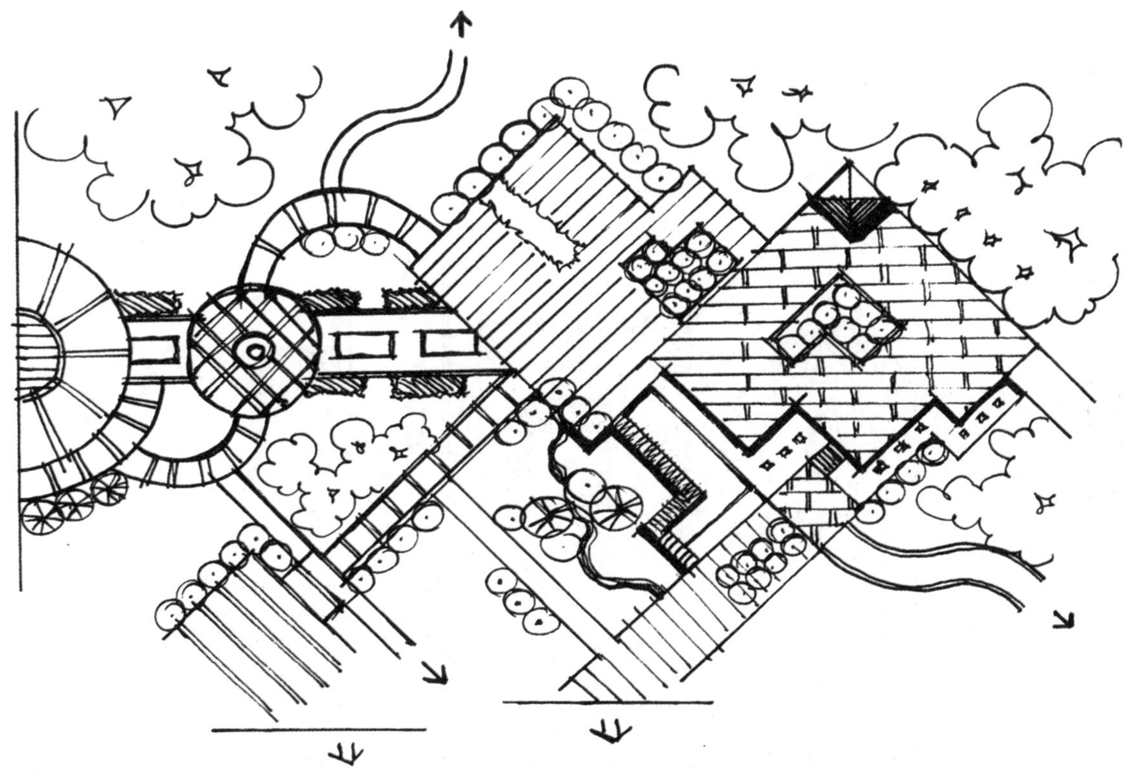

图 3-2-9　综合式广场平面线稿表现（一）　张炜作品

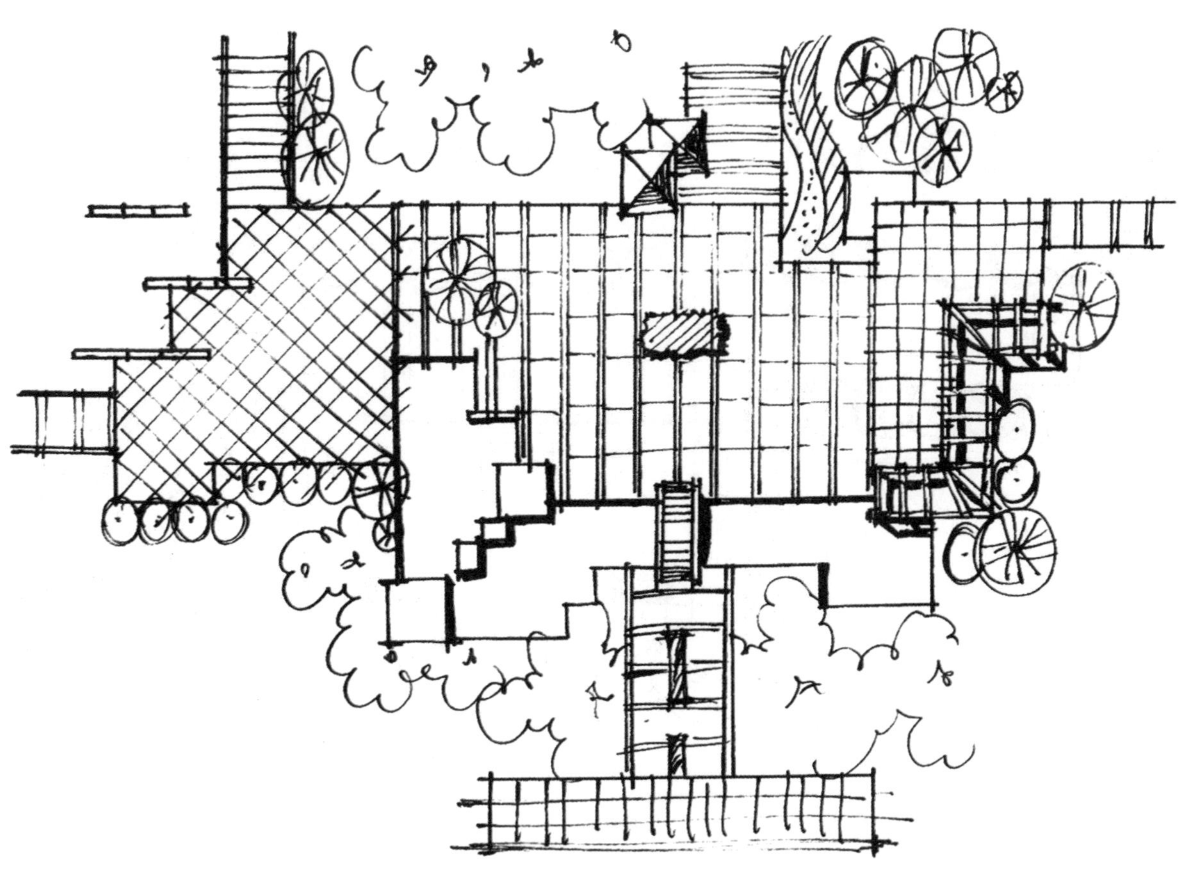

图 3-2-10　综合式广场平面线稿表现（二）　张炜作品

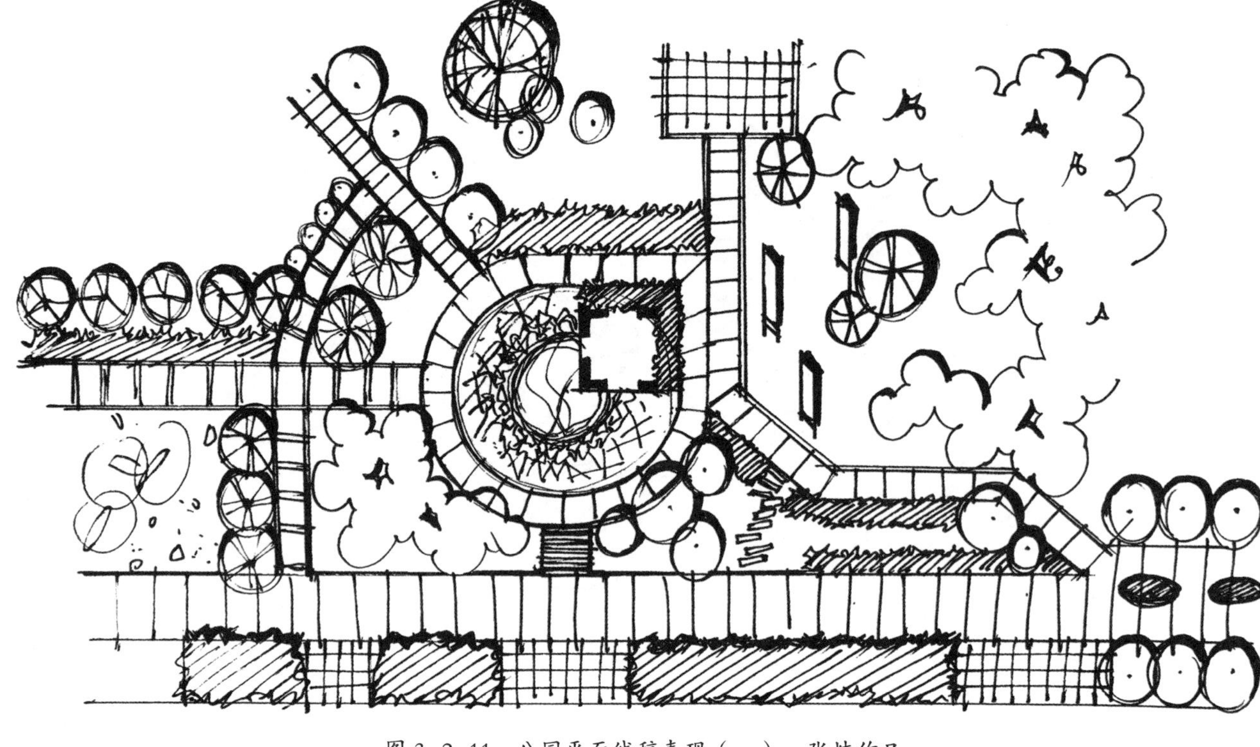

图 3-2-11　公园平面线稿表现（一）　张炜作品

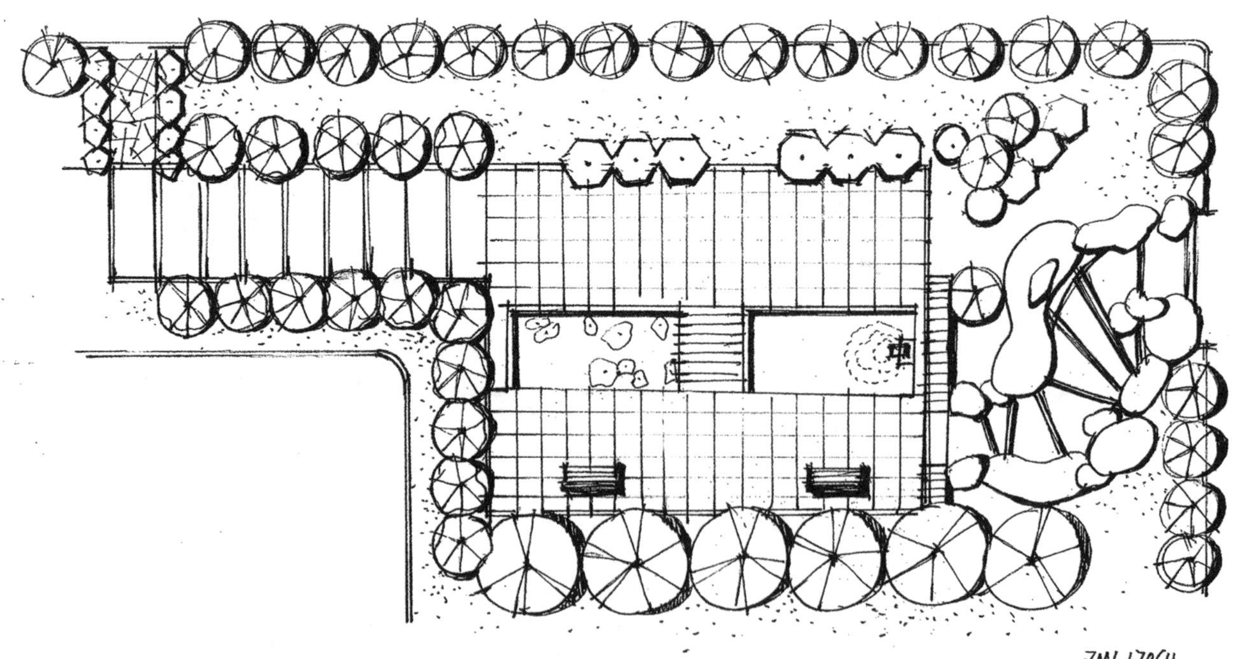

图 3-2-12　公园平面线稿表现（二）　张炜作品

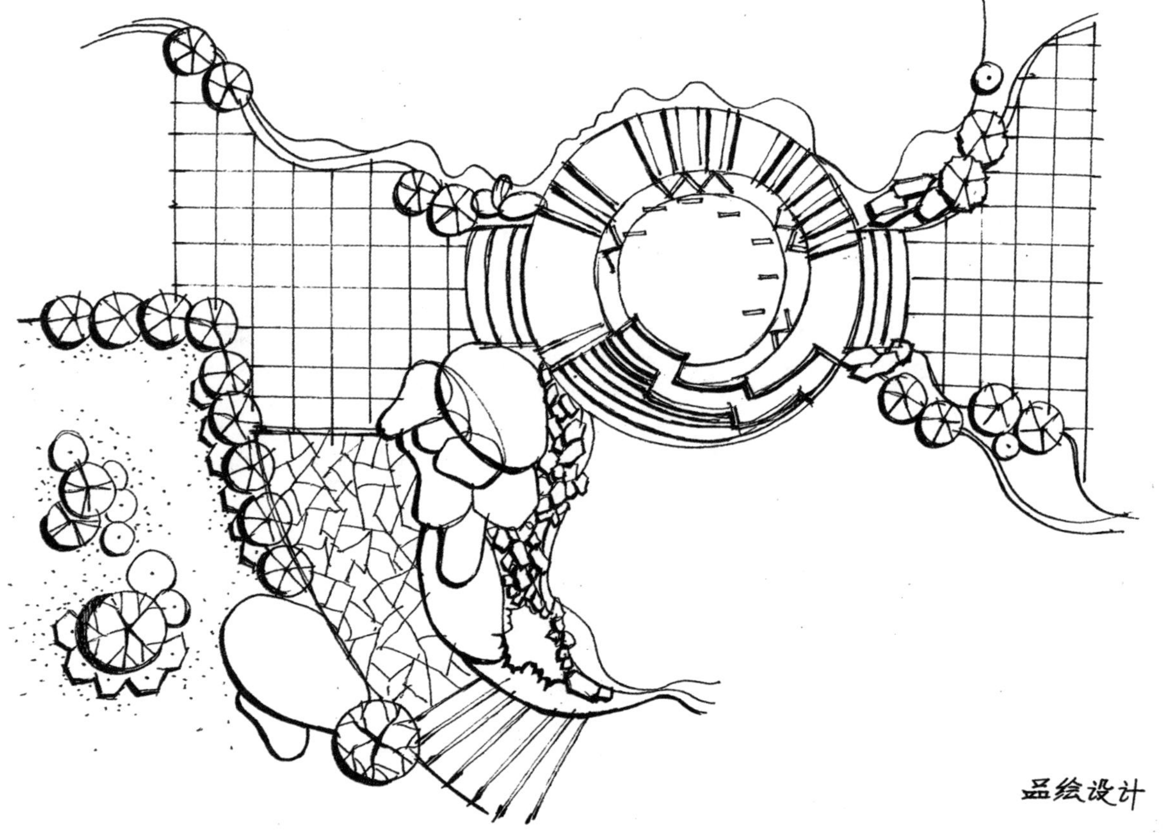

图 3-2-13　公园平面线稿表现（三）　张炜作品

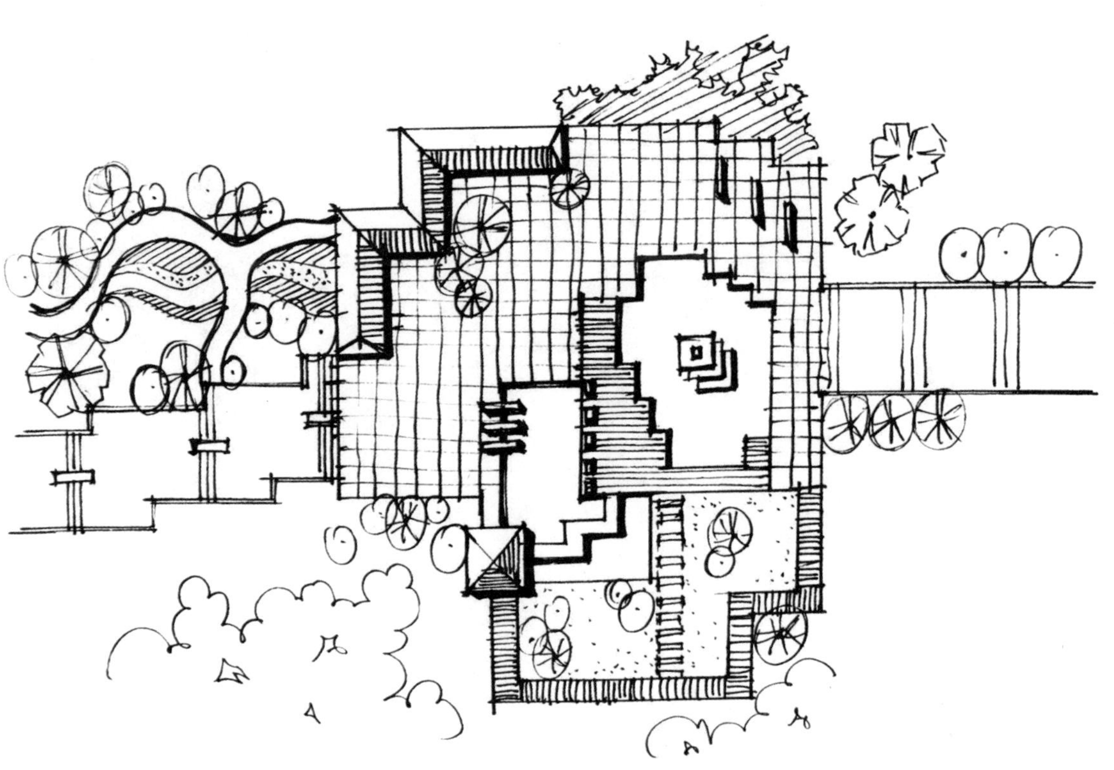

图 3-2-14　公园平面线稿表现（四）　张炜作品

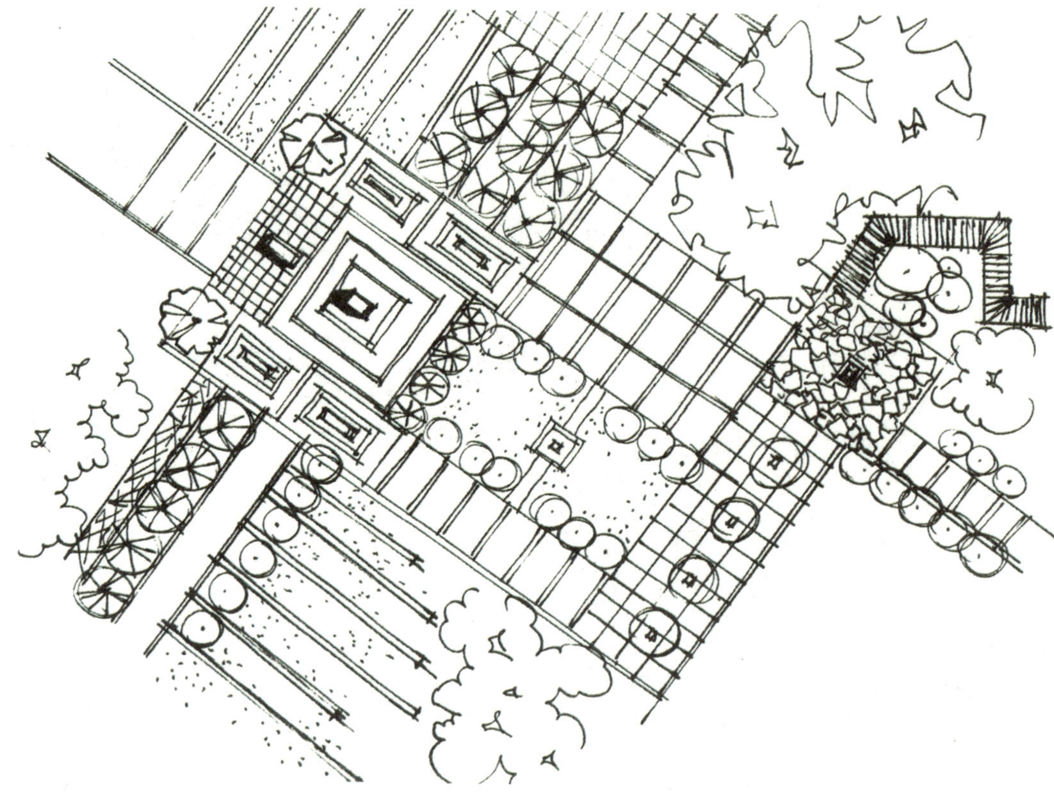

图 3-2-15　广场平面线稿表现　张炜作品

图 3-2-16　广场平面马克笔表现（一）　张炜作品

图 3-2-17　广场平面马克笔表现（二）　张炜作品

第三节　景观剖面表达

在园林景观效果图日常绘制过程中，平面图的绘制频率远远高于立面图的绘制频率。但园林景观设计是三维空间和时间的统一体，园林景观的设计不能失去对整个三维空间的认识和掌控，这时，立面图和剖面图的绘制就显得格外重要了。园林景观剖面图的重要特性是：有一条明显的剖面轮廓，从剖切的观察位置看到什么就要画出什么。绘制平面和剖面图时，要注意前后景观的遮挡关系和平行投影的制图规律，如图 3-3-1 至图 3-3-3 所示。

图 3-3-1　公园剖面图线稿表现（一）　张炜作品

图 3-3-2　公园剖面图线稿表现（二）　张炜作品

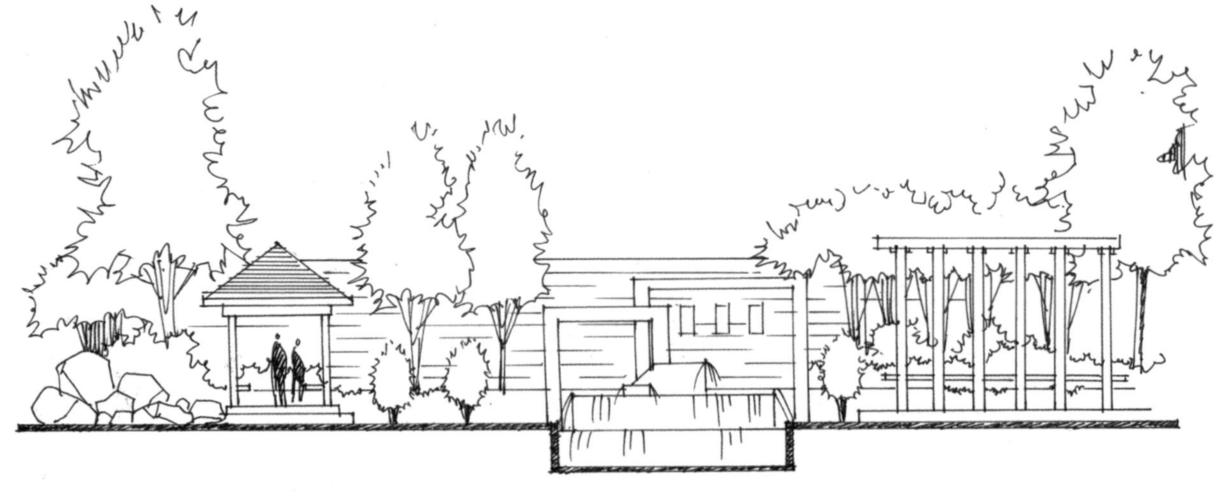

图 3-3-3　公园剖面图线稿表现（三）　张炜作品

第四节　透视图表达

一、一点透视图

园林景观效果图表达常用一点透视图来表现景观视觉中心，如图 3-4-1 至图 3-4-4 所示。

图 3-4-1　一点透视景观线稿表现　刘帅作品

图 3-4-2　一点透视景观马克笔表现　刘帅作品

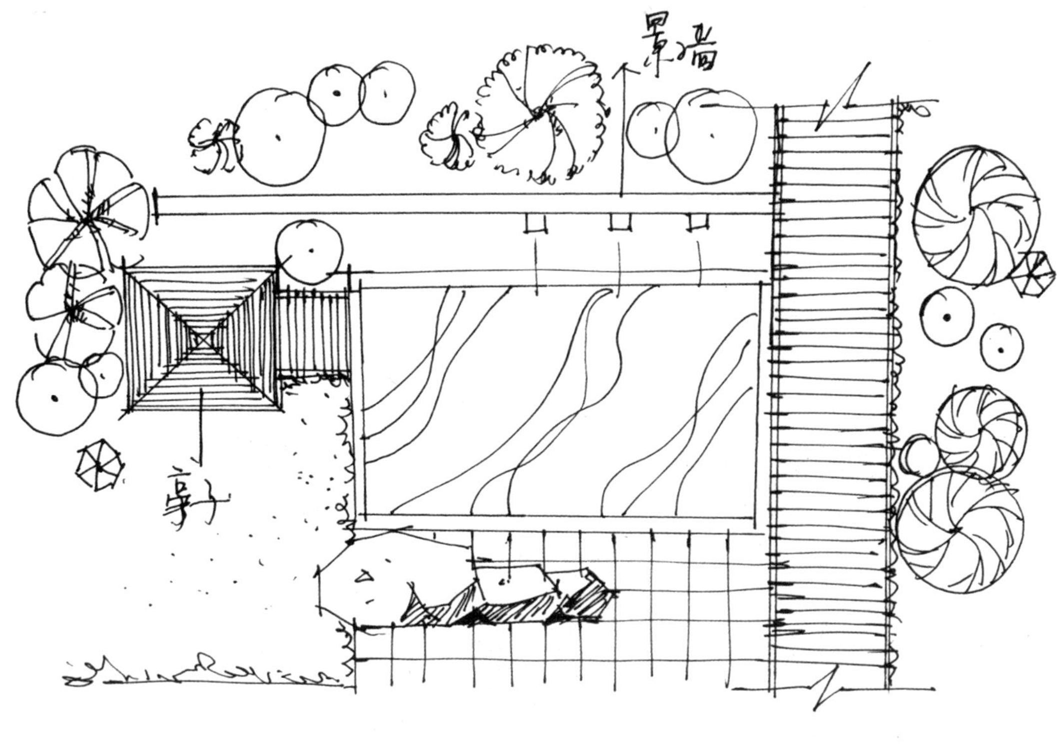

图 3-4-3　一点透视景观平面线稿表现　刘帅作品

图 3-4-4　一点透视景观线稿表现　刘帅作品

二、两点透视图

两点透视也是园林景观效果图中常用的表现手法，其体积感强，视觉效果突出，如图3-4-5、图3-4-6所示。

图 3-4-5　两点透视景观线稿表现　张炜作品

图 3-4-6　两点透视景观马克笔表现　张炜作品

第五节　植物表达

一、树种立面画法

首先，先画树干，树干成一个“V”形，树干比较大，画树干上的树枝就比较小，越往树的顶部上画，树枝就变得越小。画好树枝是很重要的，因为它是整棵树能否绘画成功的关键；其次是画树冠的轮廓，有圆形、三角形、圆形叠加等；再次是画树冠的枝叶；最后选择一个光源，将树叶的暗部画出来，这样给植物分出明暗，在树叶的外轮廓画一些落叶，给整棵树增加一些层次感，如图 3-5-1 所示。线稿完成后就可以根据树种类型给相应的植物上色，马克笔上色步骤如图 3-5-2、图 3-5-3 所示。

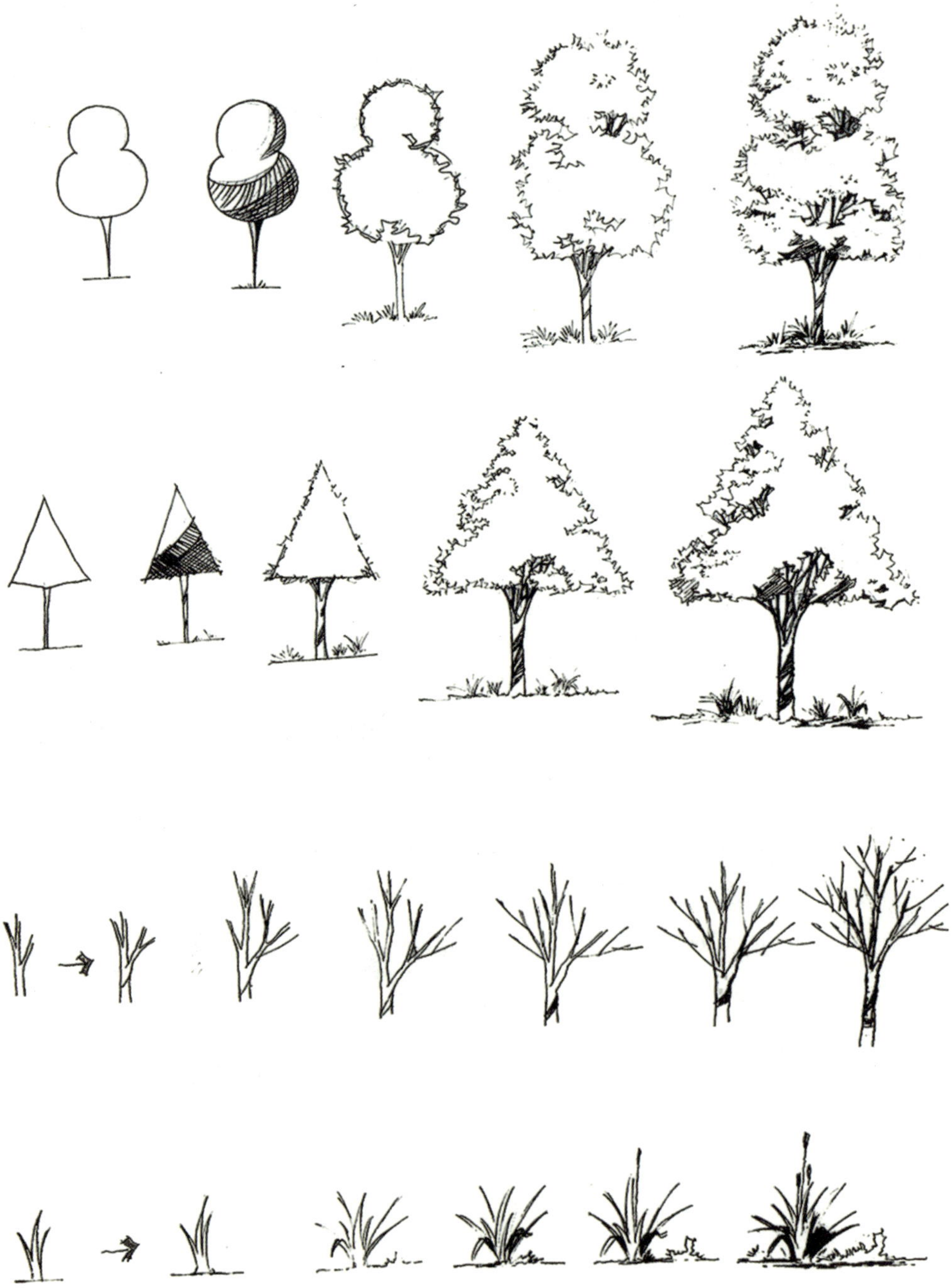

图 3-5-1　树种立面线稿表现　张炜作品

图 3-5-2　树种立面马克笔分步骤表现（一）　张炜作品

图 3-5-3　树种立面马克笔分步骤表现（二）　张炜作品

二、树种平面组合画法

树种平面组合一般运用高低、姿态、叶形叶色、花形花色的对比手法，表现一定的艺术构思，衬托出美的植物景观。在树丛组合时，要特别注意相互间的协调，不宜将形态姿色差异很大的树种组合在一起。运用水平与垂直对比法、体形大小对比法和色彩与明暗对比法三种方法比较适合，如图 3-5-4 所示。

图 3-5-4　树种平面组合马克笔表现　张炜作品

三、绿化小品组合画法

建筑、景观绿化小品一般是指体量小巧、功能简明、造型别致、富有情趣、选址恰当的精美建筑景观构筑物。其内容丰富，在建筑园林中起点缀环境、活跃景色、烘托气氛、加深意境的作用，如图 3-5-5 所示。

图 3-5-5　绿化小品组合马克笔表现　刘帅作品

第六节 园林景观快题表达

快题设计是指在较短时间内将设计思路和意图用徒手绘制的方式快速地表达出来，并完成一个能够反映设计思想和理念的设计成果。

一、快题标题

快题标题常写成方块字，以求快速，如图 3-6-1 所示。

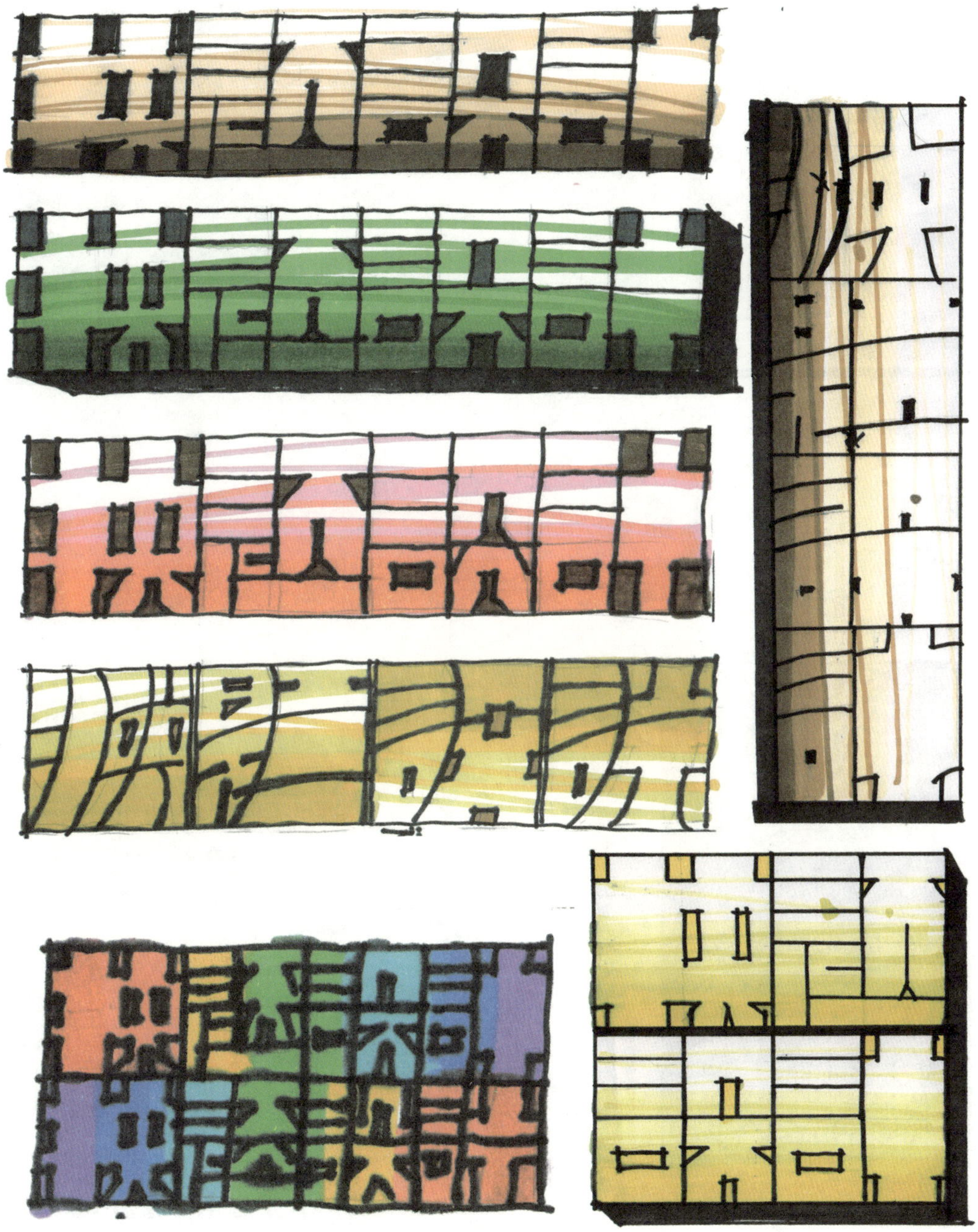

图 3-6-1 快题标题写法 刘帅、张炜作品

二、快题设计作品

图 3-6-2 至图 3-6-8 是一些园林景观快题作品赏析。

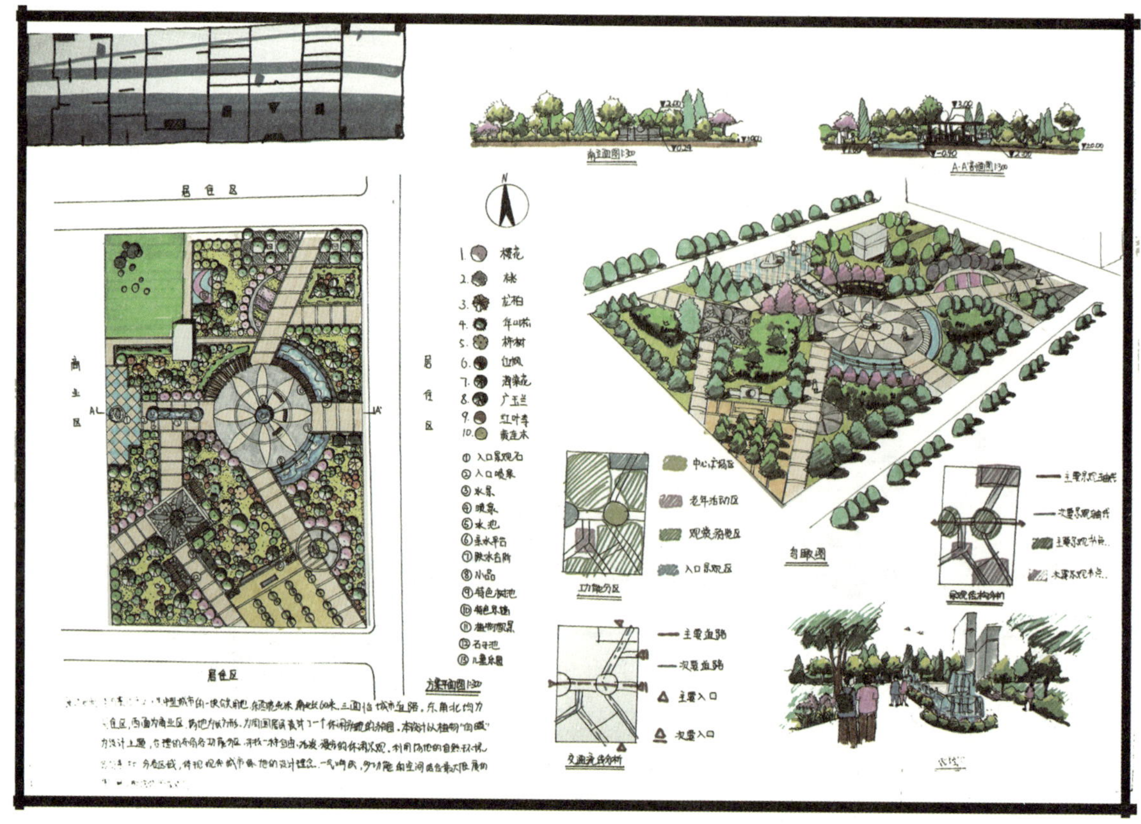

图 3-6-2　公园快题设计（一）　学生作品

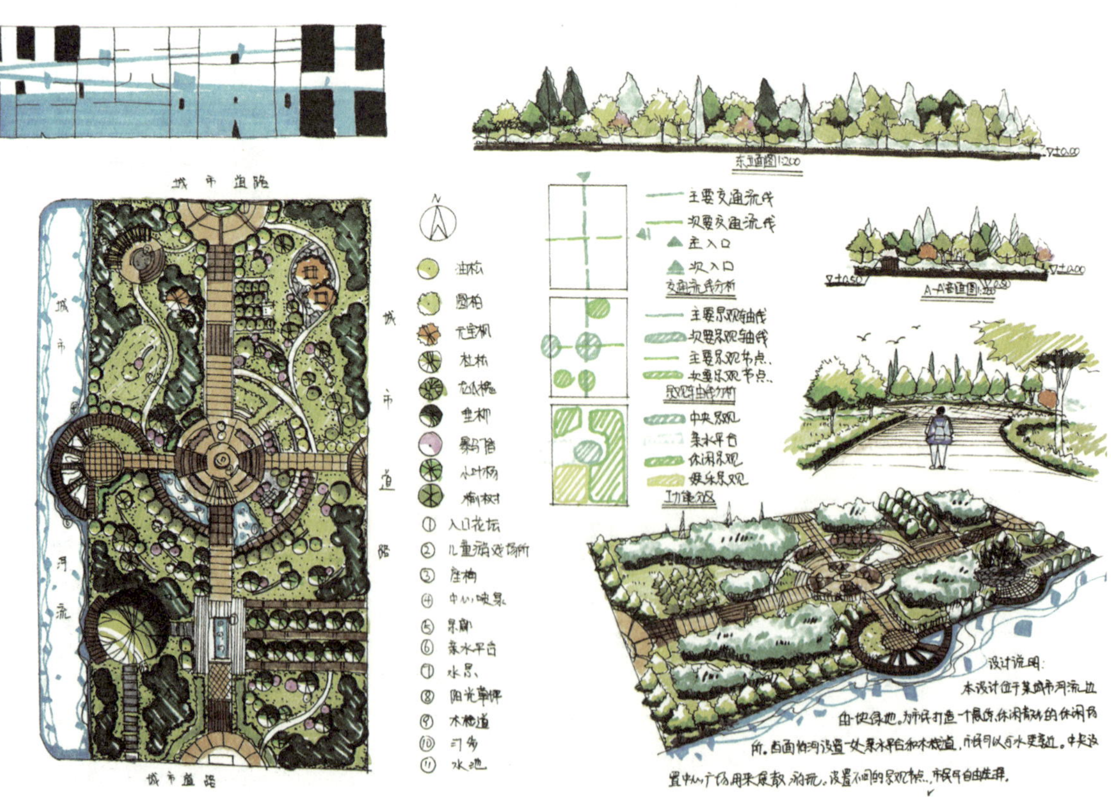

图 3-6-3　公园快题设计（二）　学生作品

图 3-6-4　游园快题设计　学生作品

图 3-6-5　校园绿地快题设计（一）　学生作品

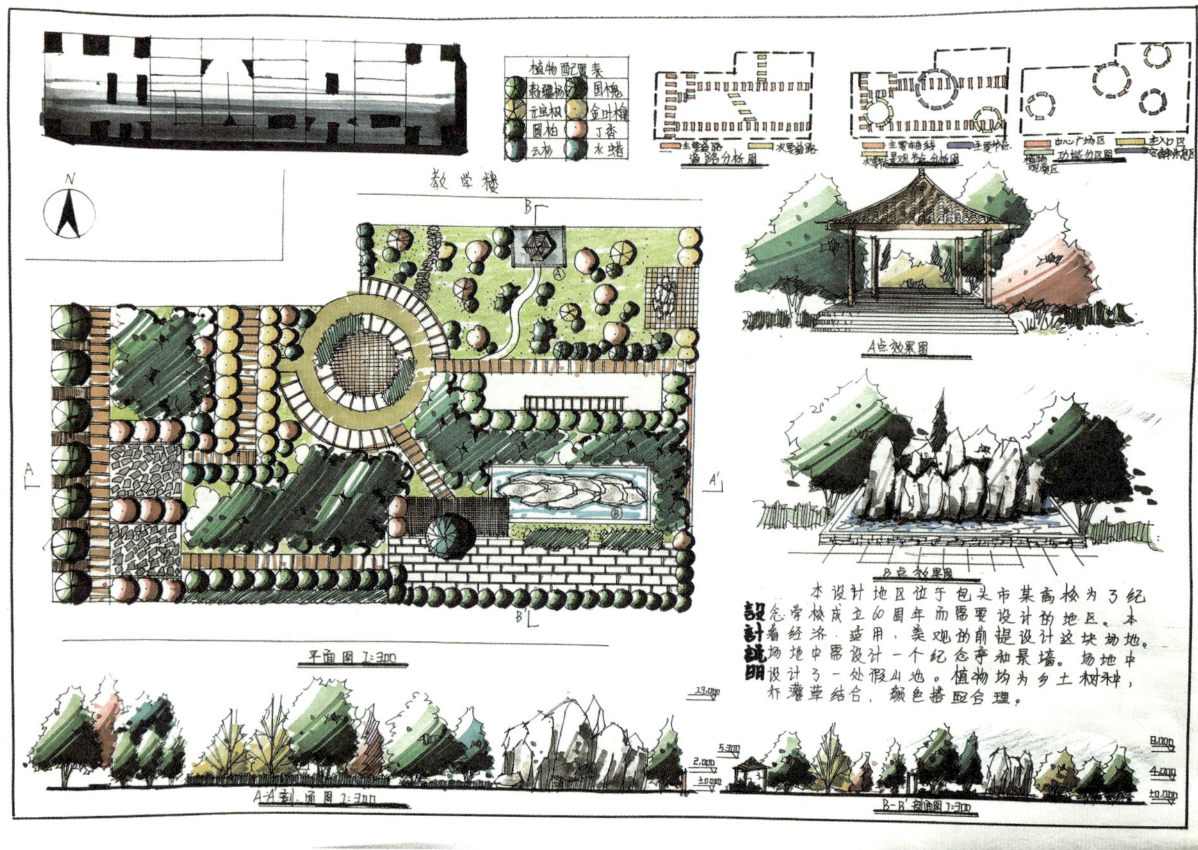

图 3-6-6　校园绿地快题设计（二）　学生作品

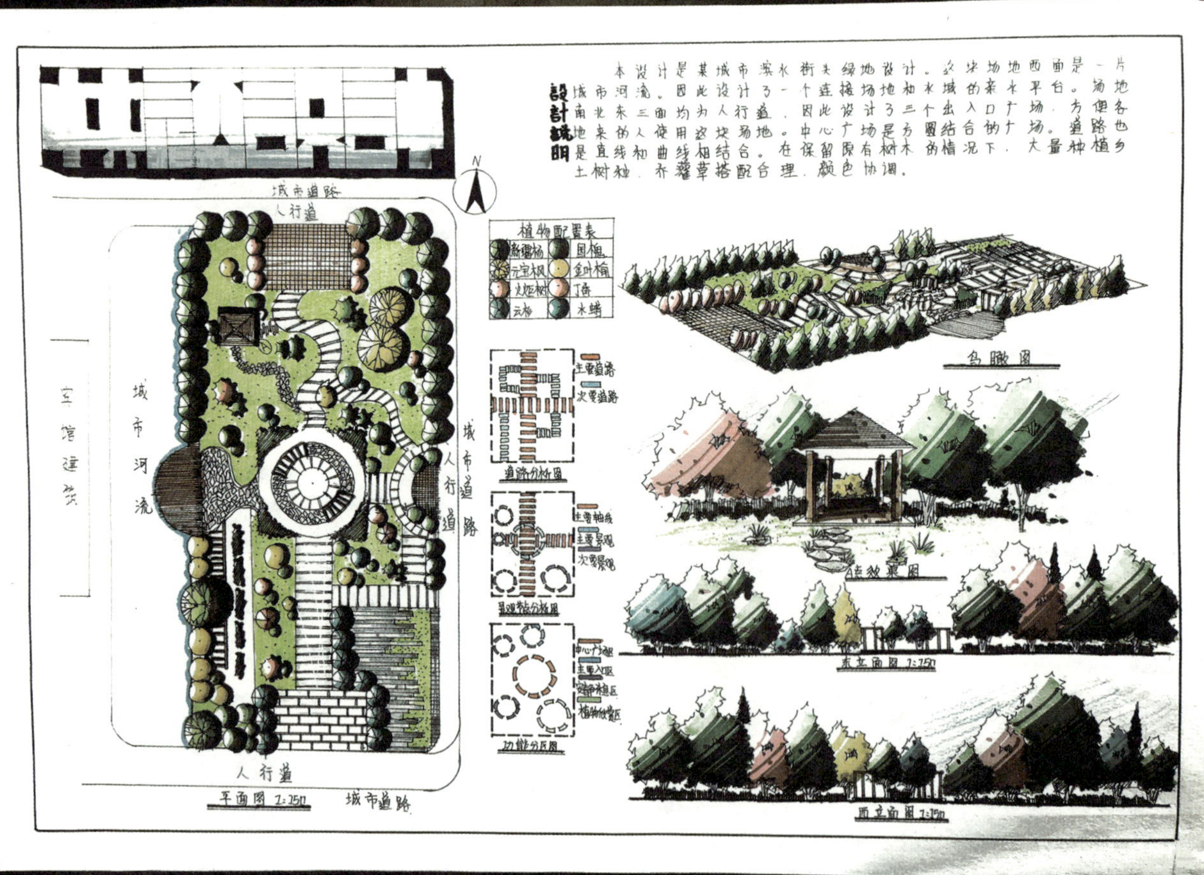

图 3-6-7　城市公园快题设计　学生作品

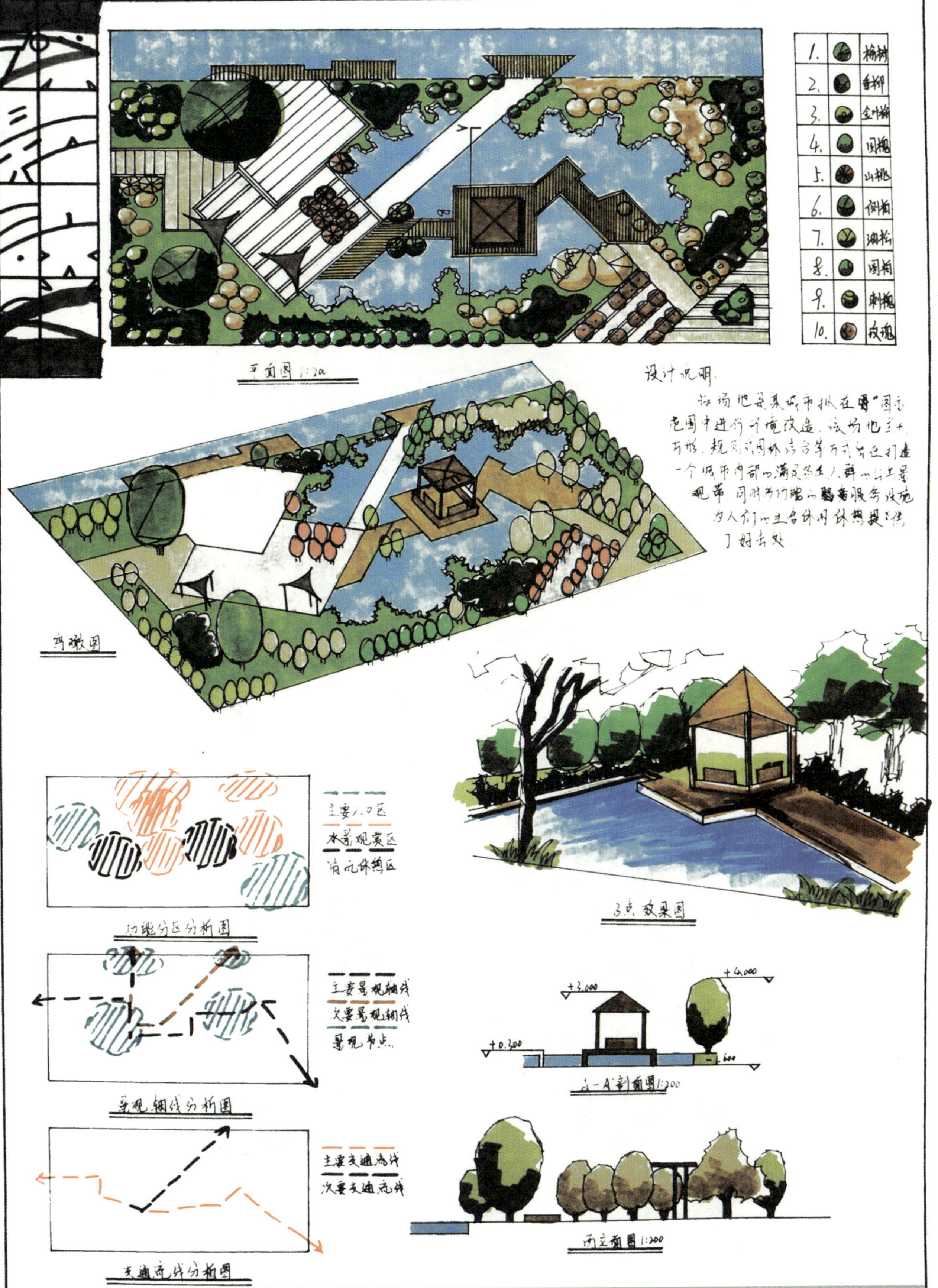

图 3-6-8 滨水景观快题设计 学生作品

第七节 作品赏析

园林景观作品赏析包括教师作品（图 3-7-1 至图 3-7-47）和学生作品（图 3-7-48 至图 3-7-50）。其中包含了景观平面图、现代景观效果图等作品。

图 3-7-1 景观平面马克笔表现（一） 张炜作品

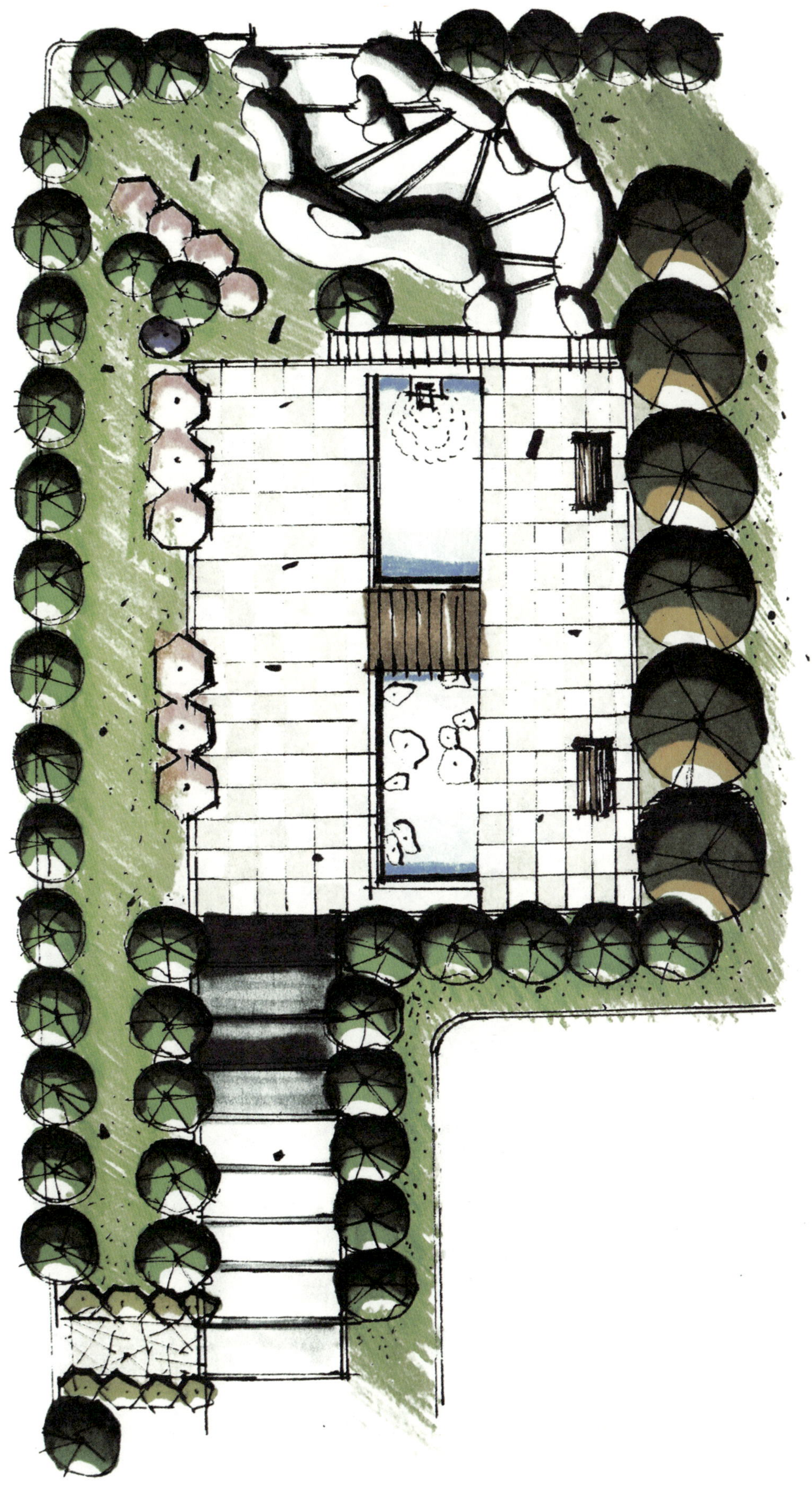

图 3-7-2 景观平面马克笔表现（二） 张炜作品

图 3-7-3　景观平面马克笔表现（三）　张炜作品

图 3-7-4　景观平面马克笔表现（四）　张炜作品

图 3-7-5　景观平面马克笔表现（五）　张炜作品

图 3-7-6　景观平面马克笔表现（六）　张炜作品

图 3-7-7　景观平面马克笔表现（七）　张炜作品

图 3-7-8　景观平面马克笔表现（八）　张炜作品

图 3-7-9　景观平面马克笔表现（九）　张炜作品

图 3-7-10　景观透视线稿表现（一）　张炜作品

图 3-7-11　景观透视线稿表现（二）　张炜作品

图 3-7-12　景观透视线稿表现（一）　刘帅作品

图 3-7-13　景观透视马克笔表现（一）　刘帅作品

图 3-7-14　景观透视线稿表现（二）　刘帅作品

图 3-7-15　景观透视马克笔表现（二）　刘帅作品

图 3-7-16　景观透视线稿表现（三）　刘帅作品

图 3-7-17　景观透视马克笔表现（三）　刘帅作品

图 3-7-18　景观透视线稿表现（四）　刘帅作品

图 3-7-19　景观透视马克笔表现（四）　刘帅作品

图 3-7-20　景观透视线稿表现（五）　刘帅作品

图 3-7-21　景观透视马克笔表现（五）　刘帅作品

图 3-7-22　景观透视线稿表现（六）　刘帅作品

图 3-7-23　景观透视马克笔表现（六）　刘帅作品

图 3-7-24　景观透视马克笔表现（七）　刘帅作品

图 3-7-25　景观透视马克笔表现（八）　刘帅作品

图 3-7-26　景观透视线稿表现（一）　张炜作品

图 3-7-27　景观透视马克笔表现（一）　张炜作品

图 3-7-28　景观透视马克笔表现（二）　张炜作品

图 3-7-29　景观透视马克笔表现（三）　张炜作品

图 3-7-30　景观透视马克笔表现（四）　张炜作品

图 3-7-31　景观透视马克笔表现（五）　张炜作品

图 3-7-32　景观透视马克笔表现（六）　张炜作品

图 3-7-33　景观透视马克笔表现（七）　张炜作品

图 3-7-34　景观透视马克笔表现（八）　张炜作品

图 3-7-35　景观透视马克笔表现（九）　张炜作品

图 3-7-36　景观透视线稿表现（四）　张炜作品

图 3-7-37　景观透视马克笔表现（十）　张炜作品

图 3-7-38　景观透视马克笔表现（十一）　张炜作品

图 3-7-39　景观立面马克笔表现　刘帅作品

图 3-7-40　水景马克笔表现　刘帅作品

图 3-7-41　小景马克笔表现　张炜作品

图 3-7-42　景观马克笔表现（一）　刘帅作品

图 3-7-43　景观马克笔表现（二）　刘帅作品

图 3-7-44　景观马克笔表现（三）　刘帅作品

图 3-7-45　景观马克笔表现（四）　刘帅作品

图 3-7-46　景观马克笔表现（一）　张炜作品

图 3-7-47　景观马克笔表现（二）　张炜作品

图 3-7-48　景观鸟瞰图线稿表现　学生作品

图 3-7-49　景观马克笔表现（一）　学生作品

图 3-7-50　景观马克笔表现（二）　学生作品

本章小结 BENZHANG XIAOJIE

本章通过园路平面铺装形式和铺装组合的练习介绍了不同类型园林道路的画法。同时，介绍了景墙、灯具、小型园林建筑、山石组合和雕塑的基本概念以及绘制其效果图时的要求。园林景观植物的绘制，要结合对园林植物的识别和认识，善于提炼常见园林植物的特点，着重园林植物形态和明暗关系的表达。

园林景观中的立面图和剖面图对园林景观由宏观到微观的表现非常重要，是园林景观方案设计中的必要环节。掌握剖面图和立面图的画法，有助于提高园林景观方案效果图的绘制能力。

开始练习时可以较长时间地绘制一套精细的快题方案，日积月累、稳扎稳打，逐步加快绘图速度，提升绘图能力，以提高园林景观快题设计的水平。

思考与实训 SIKAO YU SHIXUN

1. 不同园林构成要素的绘制方法有什么特点？
2. 尝试将园路、水景和亭等园林要素组合设计并绘制一张平视效果图。
3. 园林景观广场空间的划分和组织有哪些形式？
4. 尝试通过园林景观平面图绘制出一点透视或两点透视效果图。
5. 能否根据自己所认识的园林植物，画出它的立面效果图？
6. 尝试将 2 ～ 3 种园林植物与花钵或种植池进行组合，绘制出效果图。
7. 根据不同题目要求，绘制不同类型的园林景观快题设计。

参考文献

[1] 文健，尚龙勇．建筑效果图手绘表现技法教程［M］.2 版．北京：清华大学出版社，北京交通大学出版社，2017.

[2] 金毅，王翠君．建筑设计手绘效果图［M］．沈阳：辽宁美术出版社，2014.

[3] 李国光，褚童洲．建筑快题设计：技法与实例［M］.2 版．北京：中国电力出版社，2017.

[4] 张学凯．景观手绘表现技法［M］．北京：化学工业出版社，2017.

[5] 麓山手绘．园林景观设计手绘表现技法［M］．北京：机械工业出版社，2014.

[6] 邓蒲兵．景观设计手绘表现［M］.2 版．上海：东华大学出版社，2016.